SCHÜLER-LERNKRIMI
MATHEMATIK

Schatten in der Einsteinallee

Story: Nils Reschke
Übungen: Rainer Wilzbach

Compact Verlag

Bisher sind in dieser Reihe erschienen:
- Compact Schüler-Lernkrimi Englisch
- Compact Schüler-Lernkrimi Französisch
- Compact Schüler-Lernkrimi Latein
- Compact Schüler-Lernkrimi Deutsch: Grammatik
- Compact Schüler-Lernkrimi Mathematik

In der Reihe Lernkrimi sind erschienen:
- Compact Lernkrimi Englisch: Grundwortschatz, Aufbauwortschatz, Grammatik, Konversation
- Compact Lernkrimi Englisch GB/US: Grammatik, Konversation
- Compact Lernkrimi Business English: Wortschatz, Konversation
- Compact Lernkrimi Französisch: Grundwortschatz, Grammatik
- Compact Lernkrimi Italienisch: Grundwortschatz, Grammatik
- Compact Lernkrimi Spanisch: Grundwortschatz, Grammatik
- Compact Lernkrimi Deutsch: Grundwortschatz, Grammatik

In der Reihe Lernthriller sind erschienen:
- Compact Lernthriller Englisch: Grundwortschatz, Aufbauwortschatz, Grammatik, Konversation

In der Reihe Lernstory Mystery sind erschienen:
- Compact Lernstory Mystery Englisch: Grundwortschatz, Aufbauwortschatz

Weitere Titel sind in Vorbereitung.

Chefredaktion: Evelyn Boos
Redaktion: Iris Glahn
Fachredaktion: Roland H. R. Gössnitzer
Produktion: Wolfram Friedrich
Illustrationen: Sonja Heller
Titelillustration: Karl Knospe
Typographischer Entwurf: Maria Seidel
Umschlaggestaltung: Inga Koch

ISBN 3-8174-7454-7
7274541

Besuchen Sie uns im Internet: www.compactverlag.de

Wie du diesen Krimi liest

Krimifreunde aufgepasst: Hier stimmt was nicht! Die einzelnen Textabschnitte unseres Compact Schüler-Lernkrimis „Schatten in der Einsteinallee“ sind völlig durcheinander gewürfelt. Um nun von einem Abschnitt zum nächsten zu gelangen, musst du erst ein bisschen nachdenken und eine kleine Mathematikaufgabe lösen. Die Ergebnisse der Aufgaben sind in einer Liste auf Seite 128 festgehalten, die dir anzeigt, auf welcher Seite die Geschichte weitergeht. Wenn du dann zu dieser Seite blätterst, musst du immer nach der Übung bzw. nach dem dünnen türkisfarbenen Strich weiterlesen. Anders als bei deinen Hausaufgaben wirst du hier fürs Rechnen mit einer spannenden Kriminalgeschichte belohnt. Außerdem kannst du auf diese schnelle und einfache Weise deine Mathekenntnisse vertiefen, auffrischen und überprüfen!

Die drei Freunde Andi, Ahmed und Anne erleichtern das Mathetraining mit Action und Humor. Die drei und ihre spannenden Erlebnisse rund um die verlassene Villa in der Einsteinallee stehen im Mittelpunkt einer zusammenhängenden Story.
Dieses Mathetraining im handlichen Format bietet mit über 70 Übungen die ideale Trainingsmöglichkeit für zwischendurch. Schreibe die Lösungen einfach ins Buch! Die richtigen Antworten sind in einem eigenen Lösungsteil zusammengefasst.

Und nun kann die Spannung beginnen …

Viel Spaß und Erfolg!

Inhalt

Story

Andreas Blum ist 12 Jahre alt und derzeit bei seiner Oma in der Einsteinallee einquartiert, da seine Eltern auf Weltreise sind. Andi, wie er von all seinen Freunden nur kurz genannt wird, ist ein großer Fan von Detektivgeschichten jeder Art – je spannender, umso besser. Am liebsten wäre er selbst eine so große Spürnase wie sein Vorbild Sherlock Holmes.

Als Andi eines Nachts in einem verlassenen Haus in der Einsteinallee Schatten und Lichter zu erkennen glaubt, ist sein Spürsinn geweckt. Kurz darauf erhält er auch noch einen geheimnisvollen Brief von einer Unbekannten. Zusammen mit seinen Freunden Ahmed und Anne stolpert er über immer mehr verzwickte Rätsel, die gelöst werden wollen. Glücklicherweise stehen Ahmed, das Mathegenie, und Anne, die pfiffige Klassensprecherin, ihrem Freund stets hilfreich zur Seite. Ob es den dreien gelingt, das Geheimnis um Madame Devinette und ihre Villa in der Einsteinallee zu lüften?

Schatten in der Einsteinallee

Seine heiß geliebte Detektivserie im Fernsehen musste er sausen lassen. Noch immer saß Andreas Blum vor seinem Schreibtisch im ersten Stock der Einsteinallee Nummer 15 und brütete über die Matheaufgaben, die er Graf Zahl zu verdanken hatte. So nannten die Schüler der 7b des Euklid-Gymnasiums den Mathematiklehrer Paul von Kepler. Für Andi, wie Andreas Blum von allen nur kurz gerufen wurde, war der Fall längst klar: Seinem Mathelehrer bereitete es eine diebische Freude, ihnen soviel Hausaufgaben wie nur möglich aufzutragen. Nur gut, dass Andi Ahmed hatte. Der war ein echtes Mathegenie und kam seinem besten Freund Andi regelmäßig zur Hilfe, wenn dieser wieder einmal nicht weiter wusste. Und das kam nicht selten vor.

Der Regen peitschte an diesem tristen und dunklen Novemberabend an Andis Fenster. Draußen rüttelte der Sturm an der knorrigen Weide und ließ sie hin- und herächzen. Der 12-jährige Junge stieß einen tiefen Seufzer aus.

„Fast geschafft, nur noch eine Aufgabe", murmelte Andi vor sich hin. Doch was war das? Hatte er da nicht auf einmal das Aufblitzen eines Lichtes gesehen? Andi richtete sich auf und erklomm seinen Schreibtischstuhl, um besser aus dem Fenster sehen zu können. Draußen auf der Einsteinallee war alles düster. Bei diesem Novemberwetter traute sich kein Mensch auf die Straße. Plötzlich, schon wieder! Nein, er hatte sich nicht getäuscht. Im Haus gegenüber waren deutlich die Strahlen einer Taschenlampe zu erkennen. Neugierig reckte Andi seinen Hals noch ein Stückchen weiter in die Höhe, damit ihm auch ja nichts entging von den Geschehnissen im Nachbarhaus. Tatsächlich, da huschten Schatten am großen Fenster der verlassenen Villa Nummer 16 entlang.

„Wir bekommen neue Nachbarn!", jubelte er lauthals.

Plötzlich wurde die Tür aufgestoßen und eine stämmige alte Dame mit funkelnden Augen stand im Zimmer.

ÜBUNG 1 !

Übung 1: Da die Story eben erst begonnen hat, solltest du dich erst etwas geistig aufwärmen, bevor du Andis spannende Geschichte weiter verfolgst. Löse zunächst die vier folgenden Aufgaben und schreibe, wie die einzelnen Terme heißen. Bilde dann die Summe der vier Ergebnisse, sie ergibt die Lösungszahl!

193 + 178 = 371

212 – 134 = 78

25 · 45 = 1125

156 : 13 = 12

371
78
1125
12
1586

Anne und Ahmed schauten sich ungläubig an.

„Was ist denn mit dir los?“, fragte Anne schließlich irritiert. Sie konnte es gar nicht leiden, wenn sie das Gefühl hatte, etwas Wichtiges verpasst zu haben. Doch Andi ließ nicht lange mit einer Antwort auf sich warten. Und schnell erhellten sich auch die Mienen von Ahmed und Anne – bis sie ihrem Freund schließlich begeistert auf die Schultern klopften.

„Also: Sherlock Holmes trat nur mit seinem treuen Gehilfen Doktor Watson in die Schlacht“, begann Andi. „Justus Jonas, Peter Shaw und Bob Andrews nannten sich ‚Die drei Fragezeichen‘. Wohin man auch schaut, alle berühmten Detektive, die etwas auf sich halten, treten gemeinsam auf.“

„Zu dritt sind wir ja schon einmal.“ Ahmed ahnte, worauf dieses Gespräch hinauslaufen würde.

„Genau!“, strahlte Anne. „Was wir jetzt noch brauchen, ist ein Name für unser Detektivbüro.“

„Ich hätte da auch schon eine Idee“, grinste Andi. „Anne, Ahmed, Andi – fällt euch etwas auf?“, fragte er in die Runde.

„Allesamt Top-Typen“, grinste Ahmed.

„Gewiss“, lachte Andi. „Aber all unsere Vornamen beginnen mit einem ‚A‘. Wenn das kein Zeichen ist?“

Die drei dachten angestrengt nach. Ein treffender Name für ihr Detektivbüro musste her. Plötzlich sprang Andi auf:

„Ich hab’s!“

Neugierig starrten Ahmed und Anne ihn an. Doch Andi grinste nur. Dann breitete er die Arme aus, ganz wie ein Zirkusdirektor vor seinem Publikum, und verkündete stolz:

„Willkommen im A-Klub!“

Übung 2: Um im A-Klub Mitglied zu werden, musst Du folgende Aufgabe lösen! Addiere Zähler und Nenner um die Lösungszahl zu erhalten!

8

$$\frac{1}{1+\frac{1}{1+\frac{1}{2}}} =$$

Andi hechelte mit seinem Rad Richtung Burgenhausen. Da er in der Eile vergessen hatte, seine Handschuhe anzuziehen, froren sei-

ne Finger fürchterlich. Auch sein Mittagessen hatte er viel zu schnell heruntergeschlungen.
Als er schließlich bei der Bücherei um die Ecke bog, sah Andi schon die Fahrräder von Ahmed und Anne dort stehen. Gut so, die beiden waren also schon da. Aber hatte Anne es tatsächlich geschafft, die Lösung des Rätsels zu finden, das Madame Devinette ihm geschickt hatte?
„Hallo! Und?" Der Junge stürmte in die Bücherei, wo er Anne und Ahmed an einem Tisch sitzen sah.
„Pssst!" Die Bibliothekarin Lioba Welzer warf Andi einen kritischen Blick zu und deutete mit ihrem knochigen Zeigefinger auf das Schild vor ihr, auf dem in großen Lettern „Ruhe bitte!" stand. Andi nickte stumm und schlich zu Ahmed und Anne.
„Hast du das Rätsel lösen können, Anne?"
Das Mädchen warf ihm einen geheimnisvollen Blick zu. Dann strahlte sie und flüsterte stolz:
„Selbstverständlich, so schwer war das gar nicht. Da hättest du auch selbst drauf kommen können." Andi ärgerte die neckische Art, mit der Anne ihm kam. Doch jetzt war er auf ihre Hilfe angewiesen und entgegnete ihr bedingt freundlich:
„Na, dann erklär es uns beiden dummen Jungs doch mal."
Anne ließ sich das natürlich nicht zwei Mal sagen.
„Also: Ein gelber Kasten und Bedienstete hasten. Was kann das wohl sein?"
„Keine Ahnung, sonst hätten wir dich ja nicht gefragt."
„Na, gemeint kann ja nur die Post sein. Briefkästen sind für gewöhnlich gelb und Postboten immer bemüht, pünktlich die Päckchen zu liefern."
Andi bekam den Mund nicht mehr zu. „Du hast vollkommen Recht!", schrie er.
„Geht das auch leiser?", schnaubte Frau Welzer.

„Entschuldigung“, räusperte sich Andi verlegen. Zu Anne flüsterte er: „Genial. Aber jetzt erklär mir mal den Zusammenhang mit der Zahl 221.“

Übung 3: Andis Eltern haben auf ihrer Weltreise auch eine Jeepreise durch Israel gebucht. Das Auto hat ein Navigationssystem, das jeden Abend angibt, um wie viel Meter ihr Zielort höher liegt als ihr morgendlicher Startplatz. Andis Vater überträgt die Daten in sein Tagebuch mit den einzelnen Übernachtungsorten. Ergänze für ihn die jeweiligen Höhen in Spalte 3! Wie hoch liegt das Tote Meer? (NN bedeutet Normalnull und ist ein Bezugsniveau für Höhenangaben, das sich am mittleren Pegel der Nordsee ausrichtet.)

		Höhe über NN
Haifa	0 m über NN	0 m über NN
Jerusalem	800 m mehr	800m ü. NN
Nazareth	502 m weniger	298m ü. NN
Totes Meer	694 m weniger	-396 ü dem NN

Wie ein Besessener jagte Andi mit seinem Rad nach Burgenhausen. Er schickte fast jede Minute ein Stoßgebet zum Himmel, dass sein Fehlen in der Einsteinallee Nummer 15 nicht auffallen würde. Ansonsten könnte er sich seinen freien Sonntag wohl abschminken. Oma Melitta war bekannt dafür, immer wieder neue Strafarbeiten für ihren Enkel zu erfinden.

Das muss Rekordzeit gewesen sein, dachte Andi, als er endlich an der Buchhandlung seines Vaters angekommen war. Nur das Licht im Schaufenster brannte noch. Ansonsten wirkte der Buchladen leer. Ladenschluss war ohnehin längst vorbei. Doch Markus Worm hatte sich schon oft als fleißiger Auszubildender erwiesen, der gerne auch einmal Überstunden machte. Als hätte der Junge es geahnt, war die Türe nicht verschlossen, als er mit einem Kontrollgriff die Klinke betätigte. Das kleine Glöckchen am Türrahmen bimmelte. Zu seinem Erstaunen wurde Andi anscheinend schon erwartet.

„Komm' rein und dreh den Schlüssel um, ich will heute nichts mehr mit ungebetener Kundschaft zu tun bekommen." Es war Markus Worm, der hinter der Ladentheke saß und – wie könnte es in einer Buchhandlung anders sein – in einem dicken Schmöker vertieft war.

„Der Kunde sollte aber immer König sein." Andi fiel einfach kein besserer Spruch ein, um auf sich aufmerksam zu machen: Es hätte nur noch gefehlt, dass er den Zeigefinger mahnend erhoben hätte.

„Andreas? Was machst du denn hier?" Markus Worm riss den Kopf in die Höhe.

„Mein Vater hat gerade angerufen. Ich soll ein Buch über Indien heraussuchen", log der Junge.

„Warte, ich helfe dir!" Der Auszubildende war ungewohnt zuvorkommend und lief hastig die langen Regalreihen der Buchhandlung ab.

ÜBUNG 4 !

Übung 4: Und nun die zweite Aufgabe. Notiere das Ergebnis, es führt dich zum nächsten Textabschnitt.

$$(6{,}3 - 0{,}85) - \left(3\frac{1}{4} + 2\frac{1}{5} \right) =$$

Ein wenig skeptisch begutachtete Melitta Stock das Matheheft, in dem Andi seine Hausaufgaben stehen hatte.
„Das geht aber auch ordentlicher!“ Andis Oma suchte wieder einmal das berühmte Haar in der Suppe.
„Entscheidend“, Andi hob weise den Zeigefinger, „ist doch, dass die Aufgaben richtig gelöst sind.“
„Da hast du wiederum Recht.“ Die alte Dame ließ sich erweichen.
„Bekomme ich nun mein Päckchen?“
„Ich habe es auf die Kommode in der Diele gelegt.“
Andi schob den Stuhl mit einer flinken Handbewegung beiseite und stürzte auf den Flur hinaus. Ah, da lag es ja.
„Nicht sonderlich groß“, stellte Andi fest. „Mal sehen, was es ist.“
Es klirrte auf dem Dielenboden. Zum Glück lag dort kein Teppich, denn ansonsten hätte Andi den Schlüssel, der aus dem Umschlag gerutscht war, vielleicht überhaupt nicht bemerkt. Ein Schlüssel, aber wofür? Andi zog den Bogen Papier aus dem Umschlag, der an ihn adressiert war, und las gespannt:
„Mein lieber Herr Blum,
ich hoffe, ich darf Sie Andreas nennen. Sie scheinen mir geeignet und doch muss ich die Probe stellen:
Des Rätsels Lösung steckt im Kasten,
geziert damals in gelbem Ton.
Bedienstete stets müssen hasten,

pünktlich zu sein für ihren Lohn.
Die Nummer gilt es zu erraten,
dort, wo ein großes Vorbild wohnt.
Angelsachs' wurd' gut beraten,
und immer hat es sich gelohnt.
Ich vertraue auf Ihr Geschick, herzlichst, Ihre Madame Devinette."
Und unter diesen Zeilen fand Andi noch eine Formel, die er gleich eifrig zu lösen versuchte.

ÜBUNG 5 !

Übung 5: Auf dem Bogen Papier findet Andi die folgenden fünf Buchstaben: ***C C X X I****. Was mögen sie wohl bedeuten? (Tipp: Denke an die römischen Zahlen!)*

Und ob sich Andi auf seine beiden Freunde verlassen konnte. Ahmed hatte Frau Stock noch einen Vortrag über das Internet und dessen Tücken gehalten, den er mit technisch äußerst komplizierten Details gespickt hatte. Zunächst hatte die alte Dame Ahmeds Ausführungen durchaus wohlwollend gelauscht. Doch nach einer gewissen Zeit wurde sie der vielen Informationen und Fachbegriffe, die sie ohnehin nicht mehr verstand, überdrüssig. Ahmeds Plan schien also zu funktionieren.
„Kinder, es hat keinen Sinn. Ich bin zu alt für diesen neumodischen Kram. Und außerdem habe ich – wie ihr so schön sagt – ein Date mit Martin Luther", fügte sie verschmitzt hinzu. Dass ihr Enkel nun schon eine geschlagene halbe Stunde auf der Toilette

verbrachte, schien Oma Melitta gar nicht aufzufallen. Sie dachte nur noch an ihren Diavortrag im Pfarrhaus. „Und vergesst nicht, die Fenster zu schließen“, rief sie den Flur herauf, als sie sich den Mantel überwarf und eilig das Haus verließ.

„Perfekt“, freute sich Ahmed, der in der Gewissheit wieder Zugang zum weltweiten Netz zu haben, vor Tatendrang sprühte. „Als Erstes, schlage ich vor, hinterlassen wir eine Nachricht im Gästebuch von diesem Charles.“ Er wollte gerade den Stecker, der aus der Telefonbuchse kam, in sein Notebook stöpseln, als er enttäuscht feststellen musste, dass dieser nicht passte. „Mist, Andi hat doch tatsächlich noch diese uralten Anschlüsse“, fluchte er.

„Dann nehmen wir eben seinen Rechner.“ Anne hatte schon den Schalter gedrückt und Andis PC begann zu rattern. Dann erschien die Eingabe-Maske auf dem Bildschirm:„Bitte geben sie das Passwort ein“, hieß es da in großen Lettern. Anne stieß einen tiefen Seufzer aus, doch Ahmed ließ sich nicht schocken.

„Er hat mal erwähnt, dass es irgendetwas mit seinem Geburtsdatum zu tun hat.“ Und schon war er dabei verschiedene Zahlenkombinationen in den Computer einzugeben.

ÜBUNG 6 !

Übung 6: Um das Passwort eingeben zu können, musst du erst noch die folgenden Aufgaben lösen; addiere die Prozentzahlen, um die Lösungszahl zu erhalten: Du hast 170 €. Wie viel Prozent davon sind

1. 37,40 € ________________________________

2. 18,70 € ________________________________

3. 22,10 € ________________________________

____

Eine geschlagene Stunde hatte Andi über seinen Hausaufgaben gebrütet und dabei immer wieder leise Flüche ausgestoßen. Sein Freund Ahmed, der bestimmt einige wertvolle Tipps parat gehabt hätte, war die ganze Zeit lang nicht über den Internet-Messenger zu erreichen gewesen. Das kleine Hilfsprogramm für Andis Computer erwies sich als äußerst nützlich. Denn seitdem der Junge in dem kleinen Örtchen Moorhof bei seiner Oma wohnte, war er besonders abends von der Außenwelt abgeschnitten. Ahmed aber wohnte – wie Andi eigentlich auch – in Burgenhausen, wo die beiden Freunde gemeinsam auf das Euklid-Gymnasium gingen. Seit Andis Eltern die Weltreise angetreten hatten, musste er also den Schulbus oder sein Fahrrad in Anspruch nehmen, um von Moorhof nach Burgenhausen zu kommen. Oder aber er kommunizierte über das Internet mit Ahmed, was mit dem Messenger eine geniale Lösung war, solange beide online waren. So aber blieb Andi nichts anderes übrig, als sich selber an den Matheaufgaben zu probieren.

Am Ende hatte er zwar einige Seiten zu Papier gebracht. Ob das allerdings auch die Lösungen waren, die Herr von Kepler von ihm erwartete, bezweifelte Andi schwer.
Hundemüde war er zum Abendessen in die Küche gestapft und schlich genauso erschöpft die Treppe wieder hinauf, krabbelte in sein Bett und schlief sofort ein.
Plötzlich stand Andi vor dem Eingang zum Haus in der Einsteinallee Nummer 16. Vorsichtig streckte der Junge den Arm aus und berührte die mächtige Eichentür. Es knarrte laut und die Tür stand tatsächlich offen. Er lauschte nach Stimmen, aber es war nichts zu hören. Also nahm Andi allen Mut beisammen und schlich sich hinein. Sein Blick fiel sofort auf die riesige Schultafel, auf der allerhand Formeln gekritzelt waren.
„Du bist fünf Minuten zu spät. Ran an die Aufgaben", erschallte es. Hinter ihm stand sein Mathelehrer Professor Paul von Kepler und deutete auf die Tafel.

Übung 7: Herr von Kepler ruft Andi zu: „Du bist 5 Minuten zu spät!" Der wievielte Bruchteil einer Stunde bzw. eines Tages sind 5 Minuten eigentlich? (Tipp: Berechne, wie viele Minuten eine Stunde bzw. ein Tag hat!) Die Lösungszahl erhältst du, wenn du die beiden Nenner der Lösungen multiplizierst!

Der Freitag schien noch einmal ein kalter, aber wunderschöner Novembertag zu werden. Und dann auch noch schulfrei nach der

vierten Stunde! Was konnte es für die Schüler der 7b des Euklid-Gymnasiums Schöneres geben?
„Wer als Erster an den Fahrradständern ist …“, johlte Andi und ließ Ahmed und Anne links liegen.
„Toller Trick“, prustete Ahmed, als er und Anne ihren Freund eingeholt hatten.
Andi saß bereits startklar auf seinem Sattel und drängte die beiden Zurückgebliebenen, es schneller angehen zu lassen. Die Warterei war nichts für Andreas Blum, der der Meinung war, endlich mit der Lösung von Madame Devinettes Rätsel weitermachen zu müssen.
„Jetzt macht schon endlich“, drängelte er.
„Das Postfach wird dir schon nicht weglaufen“, warf Anne ein und schwang sich elegant auf ihr Fahrrad.
Auch Ahmed war startklar und unter großem Jubel machten sich die drei Freunde auf den Weg zum Postamt Burgenhausen, das nur wenige Straßen vom Gymnasium entfernt lag. Schließlich war Burgenhausen im Vergleich zu manch einer Großstadt wie Stuttgart oder Frankfurt ein eher beschauliches Fleckchen auf der Landkarte.
„Stellen wir die Räder hier ab“, sagte Andi, als er auf die Fahrradständer unmittelbar am Postgebäude deutete.
„Geht klar“, erwiderte ihm Anne, ausnahmsweise ohne irgendwelche Einwände.
„Ahmed?“ Anne und Andi drehten sich verwundert um. Mit einigen Metern Rückstand trudelte endlich auch der Dritte im Bunde ein.
„Wollt ihr die Tour de France gewinnen? Ich heiße doch nicht Jan Ullrich“, japste er.
„Der ist ja auch kein Türke“, lachte Andi und klopfte seinem Freund auf die Schulter. „Nur die Ruhe, die zwei Minuten haben wir auch noch übrig.“

„Na, herzlichen Dank für euer Mitgefühl.“ Ahmed kam langsam wieder zu Atem und nahm sein Zahlenschloss zur Hand. „Ich muss nur noch abschließen.“

Übung 8: Als Ahmed sein Fahrrad abstellt, schließt er es mit einem Zahlenschloss ab. Das Zahlenschloss hat vier verschiedene Zahlenringe. Auf jedem Zahlenring können die Zahlen 0 bis 5 eingestellt werden. Dies weckt seinen Detektivinstinkt. Wie viele Zahlenkombinationen können wohl eingestellt werden?

ÜBUNG 8 !

Ahmed hatte zwar den Gästebucheintrag von Otto Devinette ausgedruckt, dummerweise hatte er dabei aber vergessen, den Link dorthin zu notieren. Nachdem Ahmed Andis Passwort geknackt hatte, blieb Anne und Ahmed also nichts anderes übrig, als nochmals nach der Homepage zu suchen. Ahmed gab die entsprechenden Suchbegriffe ein und es dauerte keine fünf Minuten, da hatte er die Seite gefunden. Mit flinken Fingern hatte er die Computer-Maus so navigiert, dass sie nun das Gästebuch auf dem Bildschirm vor sich hatten.
„Dann wollen wir mal, oder?“, fragte Ahmed, während Anne interessiert den Monitor beäugte.
„Mist. Tatsächlich keine weiteren Hinweise auf eine E-Mail-Adresse oder Sonstiges“, meinte Anne. Dann wurde sie stutzig. „Was ist eigentlich, wenn diese Trinity, die da unter Ort angegeben ist, keine Person, sondern vielmehr ein Ort oder eine Stadt ist?“

„Könnte sein. Aber ‚Trinity macht den besten Kaffee' hört sich nicht gerade nach einer Stadt an, oder?" Das musste auch Anne zugeben.

„Dann ist es eventuell der Name von einem Café, einer Eisdiele oder was weiß ich." Ahmed grübelte.

„Schon eher möglich." Er wollte Anne nicht noch einmal widersprechen. Er hatte ohnehin kaum zugehört, sondern sich in Gedanken schon die Worte zurecht gelegt, die er diesem Charles schreiben wollte. Einen Moment hielt er noch inne, dann tippte er los: „Sehr geehrter Mister Charles".

In den folgenden Zeilen bat der Junge den ominösen Charles, doch bitte Otto Devinette auszurichten, dass sie Kontakt zu ihm aufnehmen wollten. Es sei wichtig und ginge um Madame Devinette aus Moorhof. Selbstverständlich vergaß Ahmed nicht, eine E-Mail-Adresse anzugeben. Da Andi der Chef-Detektiv des A-Klubs war, trug er dessen Mail-Adresse in das dafür vorgesehene Feld ein.

„Jetzt hilft nur noch warten und beten", sagte Ahmed, als er Anne sein Werk präsentierte.

ÜBUNG 9 !

Übung 9: Ein Kunde will einen Flatscreen kaufen. Er erhält zuerst 20 % Rabatt, danach noch einmal einen Sonderrabatt von 15 %! Er muss 748 € zahlen. Berechne den Preis, mit dem der Flatscreen ausgezeichnet war!

Andi wusste, dass Protest nichts nützen würde. Oma Melitta hatte außerdem ein besonderes Gespür dafür, wenn ihr jemand Lügen oder Halbwahrheiten auftischen wollte. Also umklammerte Andi die Tasse mit dem heißen Kakao, um seine Finger zu wärmen, nippte beizeiten daran und begann seiner Oma alles zu erzählen: angefangen vom ersten Brief der Madame Devinette bis hin zu den Geschehnissen vor einer halben Stunde im Haus Nummer 16 der Einsteinallee. Während Andi Gefallen daran fand, die Geschichte möglichst getreu und vor allem spannend vorzutragen, saß Anne immer noch fröstelnd daneben. Erst als Andi seine Erzählung mit den Worten „… und dann fuhr der Wagen fort“ beendete, meldete sich das sonst überhaupt nicht schüchterne Mädchen zu Wort.
„Es war Markus Worm. Und auch das Brummen des anderen Mannes kam mir bekannt vor.“
„Nicht wahr?“ Andi war sichtlich überrascht, dass Anne erst jetzt damit rausrückte.
„Ich vermute, das war Hausmeister Barsch.“
„Kinder, Kinder. Jetzt hört aber auf!“ Melitta Stock war empört und entsetzt zugleich. „Bis hierhin habe ich euch die Geschichte ja noch abgenommen. Aber ein Angestellter eures Vaters sowie der ehrenwerte Ernst Barsch, der gewissenhafte Hausmeister und Gärtner, als Schwerverbrecher? Ich glaube, da geht die Fantasie ein wenig mit euch durch. Wir reden morgen weiter. Jetzt muss ich mir erst einmal ernsthaft überlegen, ob ich Annes Eltern von euren nächtlichen Eskapaden erzähle.“
„Och Oma, das muss doch nun wirklich nicht sein.“
„Marsch jetzt, ab ins Bett.“ Die alte Dame ließ sich nicht beirren, und die zwei Freunde schritten ohne Widerworte die Treppe hinauf. Doch an Schlaf war nicht zu denken.
„Mal schauen. Vielleicht hat ja Ahmed mittlerweile ein Lebenszeichen von sich gegeben.“ Andi schaltete seinen PC an.

! ÜBUNG 10

Übung 10: Plötzlich erscheint auf dem Bildschirm die Nachricht, dass ein Aufgabenblatt von Andis Mathematiklehrer, Herrn von Kepler, eingetroffen ist. Das Aufgabenblatt enthält lauter Brüche und die Anweisung, sie bis morgen vollständig zu kürzen! Um die Lösungszahl zu erhalten, musst du sämtliche Zähler und Nenner addieren! Subtrahiere vom Ergebnis eine 1!

1. $\frac{9}{15} =$ ______________________________

2. $\frac{36}{48} =$ ______________________________

3. $\frac{210}{350} =$ ______________________________

4. $\frac{125}{1000} =$ ______________________________

„Das ist doch nicht dein Ernst?“, protestierte Andi.

„Na, du hast doch gesagt, du hättest einen Schlüssel. Und du bist schließlich der Sohn des Besitzers.“ Anne ließ nicht locker.

„Und was, wenn Markus Worm noch im Laden ist? Wieso gehen wir nicht einfach zu dritt in die Bücherei?“

„Weil die samstags nicht geöffnet hat. Das solltest du am besten wissen. Wer zieht schließlich aus Angst vor einem Angestellten seines Vaters die Bücherei vor, obwohl er in der bestsortiertesten Buchhandlung Deutschlands quasi zu Hause sein könnte?“, frotzelte Anne. „Also – was ist nun?“

„Na gut, gehen wir.“ Andi war überredet.

„Wir? Eigentlich habe ich daran gedacht, dass du alleine gehst. Es ist doch viel verdächtiger, wenn wir dort wieder zu zweit oder zu dritt aufkreuzen.“ Annes Einwand ergab zwar Sinn, bereitete Andi aber Unbehagen.

„Alleine nach Burgenhausen, bei der Kälte und dann womöglich noch Markus Worm über den Weg laufen?“

„Hast du eine andere Idee, außer zu beten, dass dein verdammter Internetzugang ausnahmsweise wieder einmal funktioniert?“ Ahmed hatte sich auf Annes Seite geschlagen.

„Fall du mir nur auch noch in den Rücken. Aber ihr habt ja Recht. Dann haltet mir aber zumindest meine Oma vom Leib.“ Andi schnappte sich einen Schlüssel aus der Schublade und öffnete sein Zimmerfenster. „Sesam, öffne dich“, grinste er und hielt seinen Freunden den Schlüssel zur Buchhandlung vor die Nase.

„Was hast du denn nun schon wieder vor?“, fragte Ahmed.

„Ich klettere aus dem Fenster. Wäre nicht das erste Mal.“

„Viel Glück!“, rief Anne ihm hinterher, „wir versuchen in der Zwischenzeit anderweitig voranzukommen und halten die Villa und natürlich deine Oma im Auge.“ Doch Andi war schon längst zwischen den Büschen verschwunden. Sein Weg sollte ihn durch Kälte und Dunkelheit nach Burgenhausen führen.

Übung 11: Noch zwei weitere Aufgaben befinden sich auf dem Übungsblatt: Die Differenz der Zahlen 56,05 und 35,38 ist von der Summe der Zahlen 3,87 und 6,75 zu subtrahieren! Multipliziere das Ergebnis mit –20, um die Lösungszahl zu erhalten!

! ÜBUNG 11

Die Treppe knarrte, als die beiden sich nach unten zur Wohnungstür schlichen. Zum Glück hatte Oma Melitta einen gesunden

Schlaf, dachte Andi. Er hatte nicht wirklich eine Ausrede parat, mit der er seiner Oma erklären sollte, was sie mitten in der Nacht hier trieben.

„Mist, der Haustürschlüssel“, flüsterte Andi und musste noch einmal auf leisen Sohlen die Treppe hinaufschleichen, weil er seinen Schlüssel vergessen hatte. Anne wartete unten geduldig auf ihn. Langsam aber sicher verließ auch das sonst so rigorose Mädchen der Mut.

„Hier ist er“, sagte Andi, als schon wieder unten war. „Sollen wir wirklich?“

„Mach schon, bevor ich es mir anders überlege.“ Annes Stimme wurde immer unsicherer.

Leise öffnete Andi die Tür, und er und Anne schlichen sich aus dem Haus. Die Haustür zu schließen traute sich der Junge nicht, denn das könnte zu viel Krach machen. Oma Melitta könnte geweckt werden – oder noch schlimmer: Der Einbrecher von nebenan würde aufgeschreckt werden. Anne und Andi huschten über die Straßenseite und begaben sich in Deckung. Die zahlreichen Büsche der alten Villa boten reichlich Gelegenheit dazu.

„Die Büsche sind aber nicht frisch gestutzt. Da war Herr Barsch aber etwas nachlässig.“ Anne versuchte einen Witz zu machen, um sich ein wenig Mut zuzusprechen.

Jetzt war es Andi, der wie besessen darauf war, den Dieb auf frischer Tat zu ertappen.

„Komm!“ Andi zeigte Anne den Weg.

Die beiden schlichen um das Haus herum und warfen durch jedes Fenster einen kurzen Blick – immer in der Erwartung, jemanden zu entlarven. Doch sie sahen nichts.

Als sie gerade am vorletzten Fenster angekommen waren, hörten sie ein Geräusch – und dann sogar Stimmen.

„Wir müssen Geduld haben“, sagte die eine Stimme. Und ein tiefes Brummen ließ verlauten, dass da noch eine zweite Person im Haus sein musste. Anne und Andi stockte der Atem: Die Stimme gehörte zweifelsohne Markus Worm!

Übung 12: Um die alte Villa stehen sehr viele Büsche, die Anne und Andi Deckung bieten. Es sind insgesamt 168 Büsche. Sie benutzen davon $\frac{7}{12}$ *als Deckung. Wie viele Büsche sind das?*

Durch das große Fenster des Café Blicks beobachteten die drei Freunde ungeduldig Markus Worm und nippten dabei an ihren Getränken.

„Was macht er denn da?“ Andi fürchtete schon, wieder einmal warten zu müssen, weil das Postamt ja irgendwann auch Mittagspause machen würde.

„Und vor allem, wann geht er endlich?“, ergänzte Ahmed. „Aber Wahnsinn, wie schnell du die Lage gecheckt hast, Anne.“

„Natürlich“, antwortete das Mädchen stolz. „Oder glaubst du, wir binden dem Bücherwurm gleich alles auf die Nase?“

Die Bezeichnung „Bücherwurm“ hatte Worm seinem Nachnamen und der Tatsache zu verdanken, dass er in einer Buchhandlung arbeitete. Aber wehe dem, der diesen Spitznamen auch nur ansatzweise in seiner Nähe fallen ließ. Mit dem Auszubildenden war nicht gut Kirschen essen. Stetig triezte er Andi, wenn der von seinem Vater zu Hilfsarbeiten in der Buchhandlung verdonnert wurde.

„Wenn die Katze aus dem Haus ist, tanzen die Mäuse eben auf dem Tisch“, hatte Andi schon damals Schulter zuckend seinem Kumpel Ahmed erklärt.
Neugierig und ja nicht zu auffällig warfen Anne, Andi und Ahmed abwechselnd heimlich Blicke auf den Eingangsbereich des Postamtes, wo Markus Worm noch immer ungeduldig in seinem Rucksack kramte.

„Der verschickt die Rechnungen“, stöhnte Andi. „Es ist ja bald Wochenende. Und ich kann euch verraten, in Sachen Organisation ist der Bücherwurm wahrlich kein Weltmeister.“
Ahmed konnte sich das breite Grinsen nicht verkneifen, hielt dann aber schnell inne.
„Da, er scheint gefunden zu haben, was er gesucht hat!“ Er deutete auf die andere Straßenseite hinüber.

Tatsächlich, Markus Worm hielt ein braunes Kuvert in der Hand und schmiss es in einen der drei Briefkästen vor dem Postamt. Dann warf er einen schäbigen Blick zum Café. Er konnte die drei Freunde aber offensichtlich nicht erkennen, weil die Sonne gegen das große Fenster schien, das von draußen nur Worms Spiegelbild offenbarte.
„Die Rechnung!“, rief Anne voller Tatendrang.

Übung 13: Die drei Freunde möchten zahlen. Andis Cola hat 210 Cent gekostet, Ahmeds Kakao 2,40 € und Annes Tee 180 Cent. Sie bezahlen mit einem 20 € Schein. Wie viel Wechselgeld bekommen Sie zurück?

Sie nutzten die Deckung, die der alte Kirschbaum ihnen gab, so gut es eben ging, denn im Winter fehlte ihm naturgemäß die volle Blütenpracht. Aufgeregt beobachteten Andi und Anne weiter das Geschehen, das streng genommen keines war, da Ernst Barsch nach wie vor von der Bildfläche verschwunden blieb. So war es den beiden Freunden entgangen, dass sich längst ein Unbekannter an sie herangeschlichen hatte.
„Habt ihr Herrn Barsch gesehen?“
Die beiden Nachwuchsdetektive bekamen fast einen Herzinfarkt! Geistesgegenwärtig ließ Andi den Tennisball aus seiner Jackentasche plumpsen, ehe er sich erschrocken umdrehte. Auch Anne wandte ihren Blick und sah aus, als sei sie soeben dem Yeti begegnet.

Vor ihnen stand mit einem hämischen Lachen auf dem Gesicht Markus Worm, der Auszubildende von Andis Vater.
„Ihr sucht doch auch Herrn Barsch, oder was macht ihr hier im Garten? Ich glaube kaum, dass ihr die Erlaubnis der alten Madame habt, euch hier aufzuhalten“, spottete Markus Worm. „So verrückt sie auch sein mag, sooo verrückt ist sie dann auch wieder nicht.“
Eine Pause entstand, in der sich beide Parteien argwöhnisch musterten. Und ob wir die Erlaubnis haben, dachte Andi, doch das wollte er Markus Worm bestimmt nicht auf die Nase binden. Auch hatte er das Gefühl, dass er eher Markus Worm fragen sollte, was zum Kuckuck er hier überhaupt trieb und von Herrn Barsch wollte. Die beiden mussten ja dicke Kumpel sein. Woher sonst konnte der schlaksige Mann wissen, dass Ernst Barsch als Gärtner bei Madame Devinette angestellt war?
„Wir haben, äh, den da gesucht.“ Andi deutete auf den Tennisball, der nun links neben ihm in einem der Beete lag. Er griff nach der Filzkugel und meinte zu Anne: „Ich hab ihn. Wir können gehen.“
Misstrauisch beobachtete Markus Worm die beiden Freunde, die sich ihren Weg zurück auf die Straße bahnten.

ÜBUNG 14 !

Übung 14: Die Freundinnen von Anne haben sich ein Tennisfeld auf dem Grundstück ihrer Eltern abgesteckt. Leider haben sie die falschen Maße gewählt. Sie haben auf jeder Seite eine Feld mit der Breite 6,25 m und der Länge von 4,74 m abgesteckt. Welche Fläche hat ihr gesamtes Spielfeld? Runde das Ergebnis auf Quadratmeter!

Kurz vor Mittag schaute Ahmed entsetzt auf die Uhr.
„Mist, ich muss los, sonst setzt es Ärger. Ich habe meinem Vater versprochen, pünktlich zum Essen zu Hause zu sein." Auch Anne war der Meinung, genug gelernt zu haben.
„Du hast doch alles verstanden, oder Andi?"
„Ja", antwortete dieser erleichtert. „Dank eurer Hilfe!" Er verabschiedete seine beiden Freunde mit den Worten: „Und wenn ich eine Antwort von Otto Devinette bekomme, melde ich mich natürlich sofort bei euch. Ansonsten bis morgen in der Schule." Anne und Ahmed winkten ihm zu und machten sich mit ihren Rädern auf den Weg nach Burgenhausen.
Den ganzen Nachmittag hatte Andi vor dem Computer in der Hoffnung verbracht, eine Mail vom Enkel der Madame zu bekommen. Doch eigentlich war es ja klar, dass so schnell nichts kommen würde, dachte er. Wer arbeitet schon an einem Sonntag? Also nutzte er die Gelegenheit und griff noch einmal zu Ahmeds Übungszetteln. Nach einer weiteren Stunde des Lernens stellte er zufrieden fest, dass er tatsächlich alles verstanden hatte. Das wird Graf Zahl aber mächtig ärgern, wenn Andreas Blum am Ende gar mit der Note Zwei abschneiden sollte. Er lachte sich leise ins Fäustchen.
Als der Abend näher rückte, beschloss Andi, endlich eines der vielen Bücher mit Detektivgeschichten zur Hand zu nehmen, die er sich letzte Woche aus der Bücherei ausgeliehen hatte. Bei all dem Trubel war er bislang noch gar nicht dazu gekommen, sich Zeit zum Lesen zu nehmen. Gleich die erste Geschichte von einem Agenten namens Cliff Barker war äußerst spannend. Vor allem war sie so geschrieben, dass der Leser beim Lösen von Barkers Fällen selber mitraten konnte. Das war ganz nach Andis Geschmack, denn so kam er erst gar nicht aus der Übung. Die kommenden Tage werden mein Gehirn noch mächtig fordern, dachte er bei sich.
Sein Gefühl sollte Andi nicht täuschen.

ÜBUNG 15!

Übung 15: Andi möchte sich doch bald das schon erwähnte Mofa kaufen. Er verdient beim Zeitungsaustragen 3 € pro 24 Minuten. Wie lange muss er Arbeiten, um die benötigten 1080 € zu verdienen?

„Junge, du sollst doch deine Hausaufgaben erledigen", schmunzelte die alte Frau, als sie sah, dass ihr Enkel vor Schreck vom Stuhl gepurzelt war und nun wie ein Maikäfer auf dem Teppichboden alle viere in die Höhe streckte.

„Oma, du scheinst neue Nachbarn zu bekommen", entgegnete Andi ihr aufgeregt, während er sich wieder aufrappelte.

Melitta Stock, Andis Oma, hatte den Jungen vor vier Wochen bei sich einquartiert, als sich seine Eltern entschlossen hatten, zu ihrem zehnjährigen Hochzeitstag eine Weltreise zu unternehmen. Monika und Walter Blum hatten sich zuletzt vor einer Woche aus Mexiko gemeldet. Sie hatten es sich zur Angewohnheit gemacht, ihrem Sohn aus allen Ländern, die sie besuchten, ein kleines Präsent zu schicken. Im Land der Azteken hatten sie Andi, der Schokolade über alles liebte, verschiedene Sorten von Schokoladensoße gekauft, die man besonders zu Hühner- und Rindfleisch aß. Als das Päckchen mit der Post angekommen war, hatte sich Oma Melitta nicht lange bitten lassen und ihrem Enkel ein fürstliches Mahl mit der schokobraunen Soße gekocht.

„Papperlapapp! Das alte Haus steht doch schon seit Ewigkeiten leer. Wer sollte dort einziehen? Also, Hausaufgaben erledigen und dann gibt es Abendessen. Fix, fix!" Andi wollte ihr von den Schat-

ten und Lichtern der Taschenlampen erzählen. Doch die rüstige alte Dame hatte die Tür längst wieder so schnell geschlossen, wie sie gerade eben in den Raum gestürmt war.
Andi riskierte noch schnell einen Blick durch das Fenster hinüber zum Haus Nummer 16. Aber dort war wieder Dunkelheit eingekehrt. Keine Taschenlampenlichter mehr und auch keine mysteriösen Schatten. Enttäuscht setzte sich Andi an den Schreibtisch. Hatte er sich so täuschen können?
Ein wenig gequält nahm der Junge seinen Füller in die Hand und machte sich mit einem weiteren großen Seufzer an die letzten Übungen seiner Mathematik-Hausaufgaben.

Übung 16: Auf ihrer Weltreise kommen die Eltern von Andi durch Plimasien. Dort gibt es eine andere Währung. In Plimasien sind 3 Plam und 4 Plum genauso viel wert wie 32 €. Für ein Plam erhält man 4 €. Wie viele € erhält man für 6 Plum?

Oma Melitta bekam nicht oft Besuch. Ihre vielen Freundinnen hatte die rüstige Dame allesamt überlebt. Also war sie viel mit dem Fahrrad unterwegs, um möglichst viele Menschen zu treffen und den neuesten Klatsch und Tratsch aus Moorhof und Burgenhausen zu hören. Gar nicht zu beneiden waren deswegen die Tapferen, die sich zu einem Besuch im Hause Stock entschlossen hatten. Denn Oma Melitta ließ es sich nicht entgehen, ihre neuesten Informationen detailliert weiterzugeben. Auch Anne erging es da nicht besser. Höflich lauschte das Mädchen, versuchte dabei einen interessier-

ten Eindruck zu machen und war froh, als Andi und sie endlich den reich gefüllten Teller mit den Schnittchen zum Abendbrot vertilgt hatten.
„Wir verduften dann mal nach oben in mein Zimmer, Oma." Andi befreite Anne aus den Fängen von Frau Stock.
„Soll ich Anne nicht noch schnell das Badezimmer zeigen?"
„Nicht nötig, das erledige ich schon", antwortete Andi energisch und zog Anne die Treppen hinauf.
„Na dann schlaft schön, Kinder!"
„Gute Nacht, Frau Stock", antwortete Anne.
„Nenn' mich ruhig Melitta, Kleines", hörte Anne sie von unten hinauf rufen. Als sie Andis Zimmer betraten, war die Luft endlich rein.
„Uff", stöhnte Andi. „Sie ist manchmal etwas, nun ja, schwierig."
„Och. Ich wäre froh, wenn ich noch eine Oma hätte. Und noch dazu eine so aufgeweckte", grinste Anne ihm entgegen. „Ich pack nur schnell meine Sachen aus, ziehe mich um und dann machen wir uns frisch ans Werk, okay?"
„Nur die Ruhe. Wir haben ja die ganze Nacht Zeit", antwortete Andi. Um sich ein wenig abzulenken, bis Anne soweit war, kramte er ein altes Heft unter dem Bett hervor. Gehirnjogging sei das A und O eines jeden Geheimagenten, hatte er in einem seiner vielen Detektivbücher einmal gelesen und sich daraufhin von Oma Melitta eines ihrer unzähligen Rätselhefte geliehen.
„Mal schauen", grübelte Andi.

ÜBUNG 17 !

Übung 17: Auch in den Rätselheften von Oma Melitta findet Andi eine Zahl, die er in das römische Zahlensystem umwandeln soll! Andi findet die Übung ziemlich schwierig! Du auch? Die umzuwandelnde Zahl lautet: 999. Wie viele C sind in der Lösung enthalten?

Auf dem Weg zur Bäckerei wusste Ahmed gleich, dass mit seinem Freund etwas nicht stimmen konnte. So vergnügt in früher Morgenstunde kannte er Andi nun wirklich nicht. Wenn sie sich morgens an den Fahrradständern des Euklid-Gymnasiums trafen, war sein Kumpel eher wortkarg und schlürfte miesepetrig an seinem Kakao, den Frau Stock ihm immer in den Ranzen packte. Aber heute schien etwas anders zu sein. Andi wirkte geradezu fröhlich und aufgedreht. So sprudelte es auch aus ihm heraus:
„Also, Ahmed, der Fall scheint klar. Markus Worm und Ernst Barsch sind die Diebe. Wir haben die beiden gestern Nacht quasi auf frischer Tat dabei ertappt, wie sie sich am alten Haus von Madame Devinette zu schaffen machten. Gestohlen haben sie nichts, das hätten Anne und ich bemerkt. Und sonst hätten sie sich auch nicht so schnell aus dem Staub machen können. Also, wir müssen eigentlich nur noch Otto Devinette benachrichtigen und der Fall wäre zu den Akten gelegt."
Ahmed bekam den Mund kaum wieder zu. Wenn Andi zum Beispiel ein Referat in der Schule halten sollte, sah das nun wahrlich anders aus.
„Du redest ja wie ein Wasserfall. Und ich verstehe nur Bahnhof. Worm und Barsch Diebe? Und wer zum Henker ist Otto Devinette?"
Andi machte sich die Mühe, Ahmed genauer aufzuklären. Als sie vor der Bäckerei standen, hatte Andi schon ein zweites Mal erzählt, was Anne und ihm gestern Nacht widerfahren war.

„Sensationell“, staunte Ahmed nicht schlecht. „Also wäre die nächste Aufgabe, Otto Devinette zu finden?“

„Ganz genau“, nickte Andi und öffnete die Tür zur Bäckerei. „Vier Mohn-, vier Sesambrötchen und noch mal vier Brezeln. Das sollte reichen, oder Ahmed?“

„Das macht dann, äh …“ Die Verkäuferin kam ins Trudeln.

ÜBUNG 18 !

Übung 18: Natürlich kam ihr Ahmed zu Hilfe. Blitzschnell hatte er den Preis für die je vier Mohn- und Sesambrötchen sowie Brezeln berechnet. Kannst du das auch? Ein Mohnbrötchen kostet 0,35 €, ein Sesambrötchen 0,25 € und eine Brezel kostet 0,45 €!

Frau Stock entging keineswegs, wie schnell die drei ihr Frühstück herunterschlangen.

„Dürfen wir wenigstens den Kakao mit nach oben nehmen. Der ist noch zu heiß“, bettelte Andi. Seine Oma hatte ein Einsehen.

„Na gut, aber helft mir noch beim Aufräumen.“ In Windeseile hatte Andi das Geschirr in der Spüle verstaut. So etwas hatte die alte Dame schon lange nicht mehr erlebt. Solch ein Tempo legte ihr Enkel bestenfalls vor, wenn es hieß, so schnell wie möglich vor den Fernseher zu kommen, weil seine Lieblingsserie lief.

Oben angekommen, drängelten sich die drei Freunde um Andis Fenster herum, um einen Blick auf Ernst Barsch zu erhaschen. Doch der Eifer der Kinder wurde schnell im Keim erstickt. Enttäuscht mussten sie feststellen, dass von dem Hausmeister jede Spur fehlte.

„Das war ja klar. Er hat sich in den Hintergarten verzogen“, meinte Andi verärgert.
„Oder er ist schon längst im Haus“, stellte Ahmed fest. „Sollten wir nicht etwas unternehmen?“
„Wie hast du dir das vorgestellt? Einfach hinein gehen und sagen: ‚Stopp, Ernst Barsch. Wir sind die berühmten drei Detektive und haben sie entlarvt?‘“, fragte Anne.
„Die Idee ist gar nicht mal so schlecht.“ Andi kam ins Grübeln. Ahmed, der eingesehen hatte, etwas zu voreilig gewesen zu sein, schüttelte den Kopf:
„Bist du übergeschnappt. Anne hat schon Recht. Wir haben nichts in der Hand. Und dass er tatsächlich gestern Nacht im Haus von Madame Devinette war, das müssen wir erst einmal beweisen.“ Doch Andi hörte überhaupt nicht auf das, was Ahmed und Anne ihm mitzuteilen hatten. Er war mit seinen Gedanken längst woanders.
„Das meine ich gar nicht“, erklärte er nach einer Weile des gemeinsamen Schweigens. Mit feierlicher Stimme stellte er fest: „Was wir brauchen, ist etwas, dass uns die ganze Sache professioneller angehen lässt. Und drei Mal dürft ihr raten, was das ist …“

Übung 19: Die Lösungszahl der nächsten Aufgabe sagt dir, wo du weiterlesen musst!

$\left(1\frac{3}{7} : \frac{5}{14}\right) : \frac{1}{4} : =$

Unbemerkt hatte sich Andi in den Garten von Madame Devinette geschlichen. Jetzt stand er genau an der Stelle, an der die Lebensbäume majestätisch emporragten. Es gab nur zwei Möglichkeiten: Der Schlüssel musste entweder am dritten Thuja orientalis von rechts oder eben von links vergraben sein.

Andi probierte sein Glück zunächst beim dritten Lebensbaum von links. Die Erde war feucht und roch ein wenig modrig. Seiner Oma war er nun auf jeden Fall eine Erklärung schuldig, denn seine Jeans war längst von der schwarzen Erde verschmutzt und unter seinen Fingernägeln bildeten sich dicke pechschwarze Streifen.
„Dann eben der rechte." Andi wollte die Aktion gerade abbrechen, als seine Fingerkuppen auf etwas Festes stießen. Hastig grub er weiter und holte schließlich eine kleine Zigarrenkiste aus der Erde. Als er diese öffnete, lag tatsächlich ein Schlüssel darin.
Das musste er sein – dachte der Junge – der Eintritt zur alten Villa. Andi beschloss, es an der Hintertür zu versuchen. Die Gefahr,

an der Vordertür entdeckt zu werden, war ihm zu groß. Schließlich konnte es nicht mehr lange dauern, bis Ernst Barsch und Markus Worm auftauchen würden. Vorsichtig schlich er auf dem unscheinbaren Pfad, den er schon einmal mit Anne gegangen war, hinter das Haus. Mit zittrigen Händen steckte er den etwas verrosteten Schlüssel ins Schloss. Ein leises Klicken zeigte Andi, dass die Tür nun offen war. Sein Herz, das vorher noch rasend geschlagen hatte, schien nun still zu stehen. Der Junge hielt den Atem an und betrat vorsichtig die alte Villa, in der alles dunkel war.
Da! Was war das? Im oberen Geschoss hatte er deutlich ein Geräusch gehört. Ob Worm und Barsch schon da waren?
Andi griff nach seiner Hosentasche, aber er hatte sein Handy vergessen. Es half alles nichts. Jetzt, da er so kurz vor dem Ziel stand, musste er es auf eigene Faust versuchen. Er ging die knarrende Treppe vorsichtig Stufe für Stufe hinauf und dann dem Zimmer entgegen, aus dem die Geräusche kamen. Mit einem beherzten Tritt stieß er die Tür auf.

Übung 20: Setze die folgende Reihe fort! Wie heißt das drittnächste Glied?

17 18 21 26 ______________________________

„Und, wie ist es gelaufen?“ Ahmed und Anne versuchten ihren Freund aufzumunterten, als die Schulglocke die 7b von der Mathearbeit erlöst hatte. Andi saß fix und fertig an seiner Schulbank und nahm erst einmal einen kräftigen Schluck aus seiner Flasche Kakao. Dann hellte sich seine Miene zusehends auf. Erleichtert meinte er nur:

„Ganz gut, glaube ich. Bei Nummer drei bin ich unschlüssig. Aber immerhin hab ich alle Aufgaben gelöst. Oder sagen wir besser, versucht zu lösen.“ Andi hatte zwar noch nie ein so gutes Gefühl nach einer Mathearbeit gehabt, aber zu weit wollte er sich dann doch nicht aus dem Fenster hinaus lehnen.
„Das hört sich doch ganz gut an“, pflichtete Anne ihm bei.
Den nächsten vier Schulstunden schenkte Andi nur noch wenig Aufmerksamkeit. Denn jetzt, wo das Übel bei Graf Zahl endlich überstanden war, konnte er seine Gedanken ganz dem Geheimnis um die Villa in der Einsteinallee 16 widmen. Er hoffte inständig, am Nachmittag eine Erfolgsmeldung im Fall Otto Devinette vermelden zu können. Als Gründer des A-Klubs lag ihm die ganze Sache sehr am Herzen. Zwei Tage waren seit der Mail, die sie dem Enkel der Madame geschickt hatten, nun schon ins Land gezogen. Und noch immer ließ die Antwort auf sich warten. Ahmed bemerkte die Nervosität, die sein Freund nach Schulschluss an den Tag legte.
„Du wirst schon sehen“, meinte er, „heute ist dein Glückstag. Er meldet sich bestimmt.“
„Wollen wir es hoffen. Oder hast du den morgigen Abend vergessen? Was auch immer Ernst Barsch und Markus Worm vorhaben, wir müssen sie aufhalten“, flüsterte er leise. Ihr Gespräch musste schließlich nicht der ganze Schulhof mitbekommen.
„Ähm, morgen, stimmt ja“, räusperte sich Anne. Andi war schon die ganze Zeit aufgefallen, wie ruhig Anne war. Auch Ahmed wirkte ungewohnt zurückhaltend.
„Wieso, was ist los?“, fragte Andi.
„Also, ich sag es ja nicht gerne. Aber ich habe leider keine Zeit. Wir bekommen ausgerechnet morgen Besuch von meiner Tante aus Schweden.“ Das war zu viel für Andi.
„Wenn du meinst.“ Beleidigt ließ er Anne und Ahmed einfach stehen und stieg in den Bus.

Übung 21: Auch die zweite Aufgabe ist nicht leicht! Andi braucht – glaube ich – deine Hilfe! Setze im Ergebnis 7 für x ein!

$(-x)^2 \cdot (-x^2) \cdot (-x) =$

Bis fast vier Uhr morgens hatte Andi an seinem Schreibtisch gesessen. Es fiel ihm zwar schwer, sich auf die Matheübungen zu konzentrieren, doch das schlechte Gewissen trieb ihn voran. Er hatte bislang viel zu wenig für die bevorstehende Arbeit bei Herrn von Kepler getan und befürchtete, sie nicht zu bestehen. Diesen Triumph wollte er Graf Zahl nicht gönnen.

Als dann am anderen Morgen um acht Uhr der Wecker rasselte, fiel es dem Jungen umso schwerer, aus seinem Schlafsack zu krabbeln. Ein Blick auf das Bett verriet ihm, dass Anne schon aufgestanden war. Als er sich müde die Treppe hinunterquälte, stand seine Freundin quickfidel mit Oma Melitta in der Küche und deckte den Tisch für das Frühstück.

„Na, du Langschläfer", begrüßte sie ihn freudig.

„Wenn du wüsstest, was ich gestern noch alles erledigt habe", gähnte Andi.

„Na hoffentlich bist du nicht noch einmal um die Häuser geschlichen!" Frau Stock warf ihm einen grimmigen Blick zu.

„Ganz im Gegenteil. Ich habe Mathe gelernt", verkündete Andi stolz. Anne und Oma Melitta schauten sich ungläubig an. „Nebenbei hab' ich mich auch um die Post meiner Detektei gekümmert", ergänzte der Junge jetzt hellwach.

„Geht das schon wieder los? Zieh dich lieber an und hole Brötchen. Oder möchtest du deinen Gast verhungern lassen?" Oma Melitta drückte ihm einen Fünf-Euro-Schein in die Hand, als es an der Tür klingelte.

„Das ist Ahmed!", rief Andi. Frau Stock und Anne schauten sich abermals fragend an. „Hast du zufällig Brötchen dabei?", fragte Andi, als er Ahmed die Tür öffnete.

„Äh, nein. Sollte ich?"

„Macht nichts. Komm einfach mit. Die beiden Damen können auch eine Viertelstunde ohne uns auskommen." Die Tür wurde mit lautem Knall zugeschmissen. Ahmed ahnte schon, dass es Neuigkeiten geben musste, denn so vergnügt hatte er den sonstigen Morgenmuffel Andi in der Früh selten erlebt. Auf dem Weg zur Bäckerei erzählte Andi Ahmed von den Vorfällen des gestrigen Abends.

ÜBUNG 22 !

Übung 22: Andi und Ahmed machen sich auf den Weg zum Bäcker! Leider gibt es dort nur kleine Partysemmeln. Sie kaufen insgesamt 36 Partysemmeln als Vorrat. Davon sind $\frac{5}{9}$ Mohnsemmeln und $\frac{1}{4}$ Sesamsemmeln! Der Rest sind Laugensemmeln. Wie viele Laugensemmeln haben sie eingekauft?

„Kann ich euch helfen?" Die junge Frau mit den schokobraunen Augen winkte Andi, Ahmed und Anne freundlich herbei. Es war Katrin Seidenstickerl, eine Postbeamtin, die es vor einiger Zeit aus

Österreich nach Burgenhausen verschlagen hatte. Den Jugendlichen, vor allem Andi, hatte sie längst das „Du“ angeboten. Immerhin sah sie Andi und seinen Vater mindestens einmal in der Woche, um Rechnungen und Bestellungen zu verschicken, wenn nicht Markus Worm – wie vorhin – für diese Aufgabe eingeteilt war.
„Nein danke, Katrin. Wir kommen schon zurecht“, antwortete Andi höflich. Insgeheim hatte er die Frau hinter dem Schalter mit ihren großen Rehaugen längst ins Herz geschlossen.
„Schönes Wetter, gell?“ Katrin lugte neugierig über ihren Tresen.
„Ja! Gut, dass wir frei haben. Ich muss nur schnell ans Postfach meiner Mutter“, entgegnete Anne.
Und schon waren Anne, Andi und Ahmed hinter der langen Reihe von Schließfächern, die Katrin Seidenstickerl die Sicht auf die drei Freunde versperrte, verschwunden.
„Hat deine Mutter wirklich ein Postfach?“, fragte Ahmed.
„Klaro, sonst würde Katrin ja noch mehr Verdacht schöpfen. Neugierig ist sie ohnehin schon genug. Und glücklicherweise hat meine Mutter sogar Nummer 202. So fällt es erst recht nicht auf.“
Andi, Ahmed und Anne gingen aufgeregt durch den Gang und suchten – die Blicke immer abwechselnd nach rechts und links gerichtet – das richtige Fach.
„Dort“, stammelte Ahmed, der vor Aufregung wieder einen hochroten Kopf bekommen hatte.
„221“, stellte auch Andi zufrieden fest. Erst, als er nach dem Schlüssel aus Madame Devinettes Brief griff, merkte er, dass seine Hände zitterten. Er steckte den Schlüssel ins Schloss. Nervös versuchte Andi, ihn herumzudrehen. Tatsächlich! Er passte.
„Wir haben das Rätsel gelöst!“, flüsterte er nicht ohne erkennbare Freude in seiner Stimme.
„Ich!“, verbesserte Anne ihn, als sie einen Blick in das nun offene Fach mit der Nummer 221 riskierte.

Übung 23: Andi schaut auf seine Armbanduhr. Es ist mittlerweile 11:15 Uhr. Welchen Winkel bilden der Minuten- und der Stundenzeiger?

Als den Jungen der Geruch der frischen Brötchen in die Nase stieg und sie an ihr bevorstehendes Frühstück dachten, lief ihnen das Wasser im Munde zusammen. Schnell machten sie sich auf den Heimweg. Das würde ein Festmahl geben, dachte Andi und erinnerte sich an Oma Melittas selbst gemachte Brombeermarmelade.
„Ein Gedicht, kann ich dir sagen", schwärmte er Ahmed vor.
„Mir ist derzeit viel mehr nach einem heißen Kakao", entgegnete dieser fröstelnd, als die beiden in die Einsteinallee bogen.
Auf einmal stockte Andi und gab seinem Freund einen versteckten Klaps auf den Rücken. Ahmed wusste sofort, was los war. Auch er hatte die Gefahr entdeckt und warf Andi einen ernsten Blick zu, als sie sich – nun bedeutend langsamer – Oma Melittas Haus näherten. Im Garten der alten Villa gegenüber packte Hausmeister Ernst Barsch allerlei Gerätschaften aus. Wie es aussah, wollte er das Wochenende fernab vom Trubel des Gymnasiums und dessen Schülern nutzen, um sich um die Pflanzen von Madame Devinette zu kümmern. Gerade nahm er eine Harke zur Hand, als er die beiden Jungen entdeckte.
„Sieh an, sieh an. Man sollte es nicht für möglich halten, aber die Herren Blum und Özdem sind an ihrem freien Tag schon so früh

auf den Beinen“, knurrte Barsch den beiden Freunden entgegen.
„Morgen“, murmelte Andi so leise, dass es der Hausmeister wohl kaum verstanden haben dürfte, und kramte nervös nach dem Schlüsselbund. Er öffnete die Haustür und Ahmed folgte ihm stehenden Fußes. Als sie die Tür hinter sich geschlossen hatten und die Luft endlich rein war, konnte Andi nicht mehr an sich halten:
„Es kann mir keiner erzählen, dass der gute Herr Barsch wegen der Gartenarbeit gekommen ist. Jede Wette, dass er weiter nach den versteckten Kostbarkeiten im Haus sucht, die Madame Devinette in ihrem Brief beschrieben hat!“
„Das ist sehr gut möglich.“ Ahmed nickte ernst.

Übung 24: Sie kommen auf dem Heimweg am 100 m breiten Grundstück der alten Villa vorbei. Natürlich bleiben beide hier immer wieder unauffällig stehen, um sich umzuschauen! Sie legen bis zu ihrem ersten Halt $21\frac{7}{10}$ m zurück, dann noch einmal $26\frac{1}{4}$ m und schließlich $7\frac{2}{3}$ m. Wie viele Meter müssen nun noch gehen? Die ganze Zahl gibt dir die Lösungszahl!

Anne und Ahmed saßen in Andis Zimmer und hofften darauf, dass Andi etwas Nützliches finden würde.
„Die Geschichte ist schon sehr mysteriös“, meinte Anne, während sie alle Indizien ordentlich auf dem Fußboden austeilte. Da lag der erste Brief von Madame Devinette, der die drei Freunde zum Post-

fach 221 geführt hatte, das eine weitere Botschaft für Andi – und jenes Mal auch für Anne und Ahmed – bereit gehalten hatte. Sie hatten das Rätsel um den Enkel der Madame lösen können. Doch in Sachen Otto Devinette waren die Ermittlungen des A-Klubs ins Stocken geraten. Die dritte Notiz, die auf dem Fußboden von Andis Zimmer lag, war schließlich der Gästebucheintrag einer Homepage, auf den Ahmed gestoßen war. Als Ahmed darüber nachdachte, fiel ihm auf, dass sie etwas übersehen hatten! Sie hatten einen weiteren Hinweis erhalten, ohne dass sie es bemerkt hatten!
„Wir müssen logisch vorgehen“, sagte Ahmed, „wieso hinterlassen wir diesem Charles, dem die Homepage gehört, nicht einfach auch eine Nachricht im Gästebuch?“
„Stimmt – das haben wir ja ganz vergessen“, jubelte Anne aufgeregt. „Einen Versuch wäre es jedenfalls wert. Und dann müssen wir noch etwas über diese Trinity herausfinden, von der Otto spricht.“
„Was meint Otto denn wohl mit dem Ausspruch ‚im Land des Ale‘?“Ahmed zuckte mit den Schultern.
„Das ist so schwer nicht“, belehrte ihn Anne. „Ale ist doch eine bestimmte Biersorte, die man bevorzugt in England trinkt. Dort hält er sich sicherlich auf. Es wäre ja auch zu leicht gewesen, wenn er in Deutschland wohnen würde. Außerdem hätte die Madame den Kontakt zu ihrem Enkel dann wohl kaum verloren.“ Ahmed lauschte den Ausführungen und nickte zufrieden mit dem Kopf.
„Das mit dem Bier wusste ich nicht. Na dann sind wir ja zumindest ein Stück weiter. Wenn Andi doch bloß kommen würde.“
„Wieso, wo steckt er denn?“ Oma Melitta hatte ihren Kopf durch die Tür gesteckt und wollte schauen, was ihre drei Pappenheimer so trieben.
„Er ist auf der Toilette“, meinte Anne ernst und betete innerlich, Frau Stock würde dies als Antwort genügen.

Übung 25: Das zweite Buch hat bei einer Ermäßigung von 22 % genau 39 € gekostet! Was berechnet Markus Worm als ursprünglichen Preis?

Der Vormittag wollte kein Ende nehmen. Andi konnte sich weder auf die ausführlichen Erläuterungen seines Biologielehrers noch auf die seines Religionslehrers konzentrieren. Die Beobachtungen des Taschenlampenlichts und der rätselhaften Schatten ließen ihm einfach keine Ruhe. Er fasste den Plan, der Sache am Nachmittag auf den Grund zu gehen.

Ein letztes Mal läutete an diesem Tag die Schulglocke des Euklid-Gymnasiums. Die Sonne strahlte in voller Pracht und die Schüler freuten sich über das herrliche, wenn auch kalte Novemberwetter. Ahmed begleitete Andi noch bis zur Bushaltestelle.

„Ich kann doch auf deine Hilfe zählen?“ Andi schaute seinen Freund fragend an.

„Klare Sache.“ Ahmed nickte. „Meine Eltern waren gestern der Auffassung, ich müsste etwas mehr für die Schule tun. Deswegen durfte ich nicht mehr ins Internet. Heute bin ich aber sicher online.“

„Mehr für die Schule tun? Die Sorgen deiner Eltern möchte ich haben. Wer ist denn hier das Mathe-Ass?“, Andi grinste. „Zum Glück kontrolliert meine Oma mich nicht so. Wenn die wüsste ... Die anstehende Mathearbeit habe ich ihr noch gar nicht gebeichtet. Also, mein Bus kommt. Bis heute Abend.“Andi sprang in den Bus, der ihn nach Moorhof bringen sollte. Ahmed winkte ihm nach und schlenderte dann zu den Fahrradständern zurück.

Die knappe halbe Stunde, die der Schulbus nach Moorhof brauchen würde, wollte Andi für einen flüchtigen Blick in sein Mathebuch nutzen. Dann würde ihm am Nachmittag mehr Zeit für Nachforschungen bleiben. Es musste schließlich eine Lösung für das Rätsel des gestrigen Abends geben. Für die Matheaufgabe, auf die er gerade schaute, musste es allerdings auch eine Lösung geben. „Wie war das jetzt noch mal?", murmelte er vor sich hin.

ÜBUNG 26 !

Übung 26: Andis Schulbus benötigt für die 12 km lange Strecke von Burghausen nach Moorhof eine halbe Stunde. Wie weit kommt der Bus bei gleichbleibender Durchschnittsgeschwindigkeit, wenn er 105 Minuten unterwegs ist?

Andi hatte Recht gehabt. Im Obst- und Gemüseladen der Özdems war am frühen Nachmittag tatsächlich nicht viel los. Der alten Frau Tröller hatte Ahmed ein Pfund Tomaten und drei Äpfel verkauft, Herr Waast wollte sich und seiner Frau einen griechischen Abend bei Moussaka gönnen und hatte nach Kartoffeln und Auberginen gefragt. Noch eine Stunde, dann war Ahmed frei. Sein Vater müsste eigentlich zufrieden sein und die Chancen standen gut, dass Ahmed am Abend bei Andi übernachten durfte. Ahmed stöpselte sein Notebook an, um den Leerlauf im Laden sinnvoll zu nutzen. Die Suchmaschine spuckte allerlei aus, nachdem er „Devinette“ in das Suchfenster eingegeben hatte. „Französisch für Rätsel oder auch Scherzfrage“ verriet einer der Links, denen man folgen konnte.

„Wie passend“, grummelte Ahmed verärgert. Der Junge surfte so eifrig in den Weiten des Internets, dass er fünf Minuten vor Ladenschluss die Schelle der Eingangstür überhörte.

„Die letzten Übungen vor der Mathematikarbeit?“ Eine wohlbekannte Stimme ließ Ahmed zusammenzucken. Vor ihm stand Paul von Kepler, sein Mathematiklehrer.

„Äh, ja ...“ Andi klappte schnell das Notebook zu. Trotzdem wurde Ahmed das mulmige Gefühl nicht los, dass die Röntgenaugen von Herrn von Kepler den Deckel des Computers durchbohrten.

„Die Tomaten sind ganz frisch, die Zucchi-chi-ni auch“, stotterte Ahmed unsicher. Als Ahmeds Vater nach dem Rechten schauen

kam, konnte sich Herr von Kepler plötzlich sehr schnell entscheiden, was er besorgen wollte. Es schien als wollte Paul von Kepler Ahmed einen kleinen Seitenhieb verpassen, als er sich spöttisch mit den Worten verabschiedete:
„Und viel Glück am Dienstag."
„Was ist am Dienstag?", fragte Herr Özdem.
„Ach, nur diese blöde Mathearbeit. Ich kann aber alles", wiegelte Ahmed ab.
„Nun gut, erster Test: Zähle noch eben die Einnahmen nach und prüfe, ob auch alles seine Richtigkeit hat."

! ÜBUNG 27

Übung 27: Natürlich dachte auch Ahmed an die Mathematikarbeit am nächsten Dienstag! Gestern Abend erst hatte er folgende Aufgabe von Herrn von Kepler gelöst: Sebastian und Sabine befinden sich im Abstand von 96 km. Beide fahren jeweils mit einem Fahrrad. Sebastian bewegt sich mit einer Geschwindigkeit von 27 km/h Vivien nur mit einer Geschwindigkeit von 21 km/h. Wann und wo treffen sie sich (von Sebastian aus gesehen)?

Die 45 Minuten schienen nicht enden zu wollen. Graf Zahl kritzelte eine Formel nach der anderen an die große Schultafel und Andi hatte Mühe, den Gedankengängen seines Mathelehrers zu folgen. Seine Blicke wanderten immer häufiger auf das Heft von

Ahmed, der eifrig und wissbegierig alles notierte. Er sah den fragenden Blick Andis und musste grinsen.
„Alles paletti?“, flüsterte er.
„In meinem Unterricht wird nicht unaufgefordert geredet.“ Herr von Kepler musterte die beiden Freunde mit finsterer Mine.
Doch das Klingen der Schulglocke erlöste Andi und seine Mitschüler. Endlich Pause!
„Das wurde auch Zeit“, seufzte Andi. „Hast du irgendetwas verstanden?“
„Selbstverständlich, ich erkläre es dir später“, strahlte Ahmed. „Aber jetzt erzähl du erst einmal. Was gibt es denn so Dringendes?“
„Genau. Das muss ja ein Staatsgeheimnis höchster Wichtigkeit sein“, mischte sich Anne ein, die die beiden Jungen auf dem Pausenhof entdeckt hatte.
„Ich frage mich nur, ob ich dich auch einweihen darf“, entgegnete Andi dem forschen Ton des Mädchens, während Ahmed mit den Augen rollte.
„Wird es heute noch etwas?“, forderte Ahmed.
Andi setzte einen geheimnisvollen Blick auf und erzählte den beiden von seinen Beobachtungen am Vorabend. Als er fertig war, schaute Ahmed ihn überrascht an.
„Vielleicht waren es auch Einbrecher?“
„Unsinn“, unterbrach Anne die Spekulationen. „Selbstverständlich gibt es eine simple Erklärung. Hausmeister Barsch kümmert sich doch auch um die alte Villa, oder? Sicherlich wird er gestern Abend nach dem Rechten gesehen haben. Ganz simpel. Keine Einbrecher, keine Nachbarn.“
„Geht es um mich?“ Die drei Freunde drehten sich um. Vor ihnen stand ein Mann von imposanter Größe mit pechschwarzem Haar und einem unfreundlich wirkenden Bart.
„Ja, äh“, stotterte Andi, „wir wollten gerade zwei Kakao bestellen.“

Übung 28: Herr Barsch fragt Andi prompt: „Was musst du insgesamt zahlen, wenn ein Kakao 0,70 € kostet und ich dir 10 % Nachlass gewähre?“

Die Freundlichkeit von Markus Worm, dem Auszubildenden in der Buchhandlung seines Vaters, kam Andi höchst seltsam vor. Andi war nicht selten im Laden. Mal sollte er für seinen Vater etwas erledigen, mal schmökerte er einfach nur herum oder durchforstete das Archiv nach Detektivgeschichten, die er so liebte. Doch immer lag Markus Worm dabei auf der Lauer und beobachtete ihn auf Schritt und Tritt, als wenn er nur darauf wartete, dass Andi sich etwas zu Schulden kommen ließ. Als würde er auf einen Grund warten, ihn endlich aus der Buchhandlung schmeißen zu können. Aber Andi war der Sohn des Chefs, da brauchte es schon eine besonders triftige Begründung, um ihn aus dem Laden zu werfen. Heute Abend allerdings verhielt sich Markus Worm merkwürdig zurückhaltend. Nicht der Anflug von Gehässigkeiten, denen sich Andi sonst immer ausgesetzt sah. Kein gemeines Grinsen nach irgendwelchen fiesen Kommentaren. Andi wurde misstrauisch. Offensichtlich hatte Markus Worm jemand anderes erwartet. Welchen Grund hätte es sonst zu solch übertriebener Freundlichkeit gegeben? Er hatte bestimmt Angst, Andi würde seinem Vater davon berichten, wenn dieser erst einmal zurück aus dem Urlaub war, dass er, Worm, die Buchhandlung für Privatbesuche zu später Stunde nutzte.

„Hier haben wir die Indien-Bücher“, unterbrach der junge Mann Andis Gedanken. „Welches Buch soll es denn genau sein?“

Wieder rasselte die Bimmel vorne im Laden leise vor sich hin. Worm wurde blass.

„Du entschuldigst mich einen Moment?“ Er hastete in den Vorderteil der Buchhandlung. Andi hörte Worms leise Stimme und die eines Fremden irritiert wispern. Er schlich sich am Regal der Reiseliteratur entlang, um einen Blick auf die Ladentheke zu werfen und traute seinen Augen nicht: Da stand doch tatsächlich Ernst Barsch, genau neben Worm! Gerade noch rechtzeitig konnte Andi die letzten Wortfetzen erhaschen:

„… und ich dachte, die Luft hier sei rein …“, nuschelte der Hausmeister.

Übung 29: Vielleicht wollte der Hausmeister Ernst Barsch auch nur ein Buch kaufen – außerhalb der Öffnungszeiten! Sicherlich hätte ihm Herr Worm einen Rabatt gewährt! Sagen wir 18 %. Wie hoch wäre dann der zu bezahlende Preis, wenn der ursprüngliche Preis 63 € gewesen wäre?

Fasziniert schaute Anne ihrem Freund Ahmed über die Schulter, als dieser immer wieder ein neues Passwort versuchte.

„Jetzt weiß ich es wieder. Andi hat doch am 22. November Geburtstag. Und diese Zahlen kombiniert er wiederum mit derjenigen Zahl, die angibt, wie alt er an seinem nächsten Geburtstag werden wird. Er wird 13, also muss das Passwort folglich auch aus den Teilen 13, 22 und 11 – für den Monat November – bestehen", erklärte Ahmed. Außerdem erläuterte er Anne auch noch, warum diese drei Zahlen genau sechs mögliche Kombinationen ergaben.

„Nicht schlecht", lobte Anne hastig, da ihr gerade etwas Entscheidendes eingefallen war.

„Ein bisschen mehr Begeisterung hätte ich schon verdient", grummelte Ahmed.

„Doch Ahmed, ganz toll. Mir fällt nur gerade auf – jetzt wo du es uns buchstäblich vordiktiert hast – dass Andi schon am nächsten Mittwoch Geburtstag hat." Ahmed, der gerade ohne Erfolg die zweite von sechs möglichen Kombinationen getestet hatte, fuhr erschrocken mit dem Kopf in die Höhe.

„Verdammt, du hast Recht", musste er seiner Freundin beipflichten. „Hast du schon ein Geschenk?"

„Würde ich sonst so verdattert hier sitzen", meinte sie nur ratlos. „Morgen ist Sonntag, da ist kein Geschäft offen, und Montag muss ich für die Klausur üben."

„Das geht mir ähnlich", bestätigte Ahmed.

„Na, immerhin bist du in Mathe topfit, wie du soeben bewiesen hast." Anne wollte ganz entgegen ihrer Art dieses Mal Ahmed die Besorgung eines Geschenkes überlassen.

„Ich merke schon, worauf du hinaus willst. Und was, wenn mich mein Vater wieder im Laden braucht?"

„Drücken wir die Daumen. Das darf eben nicht passieren."

„Gut, ich werde einfach Markus Worm einen Besuch abstatten und ein interessantes Buch für Andi aussuchen."

„Darüber freut er sich bestimmt. Und nebenbei könntest du einen Blick auf einen unserer Verdächtigen werfen."

„Hmm", nickte Ahmed konzentriert. Sein vierter Versuch, sich in Andis Rechner einzuloggen, war von Erfolg gekrönt.

Übung 30: Andi erinnerte sich auf seiner Heimfahrt an die ihn erwartenden Mathematikaufgaben! Schau, ob du sie auch lösen kannst: Ein Computer wird um 35% reduziert, das sind 245 €. Berechne den neuen Preis des Computers!

Verärgert bog Andi in die Einsteinallee und schlenderte nach Hause. Im Vorgarten der alten Villa gegenüber stand Hausmeister Barsch und befreite mit seiner Harke den Boden von Laub. Andi registrierte Ernst Barsch zwar; die Lust auf den A-Klub war ihm aber erst einmal gründlich verdorben.

„Und wenn schon“, murmelte er, als er das Haus betrat. „Soll er sich doch all die wertvollen Kostbarkeiten unter die Nägel reißen. Otto Devinette hält es ja auch nicht für nötig, uns auch nur eine Zeile zukommen zu lassen.“ Mit einem kurzen, aber bestimmten „Keinen Hunger!“ ließ er Oma Melitta links liegen. Frau Stock vermutete, dass Andi die Mathematikarbeit verpatzt hatte und verzichtete deswegen darauf, Protest einzulegen.

Teilnahmslos schaltete Andi seinen Computer ein und schaute in sein Postfach. In diesem Moment merkte der Junge wie sein Kreislauf schlagartig wieder in Wallung kam. Zunächst glaubte er noch, die Ziffernspielereien von Graf Zahl hätten ihm endgültig alle Sinne geraubt, doch ein zweiter Blick verriet ihm: Otto Devinette hatte geantwortet. Andis Hände begannen zu zittern. Vorsichtig klickte er mit der Maus auf die Nachricht, die sich unverzüglich öffnete:

„Lieber Andreas,

danke für deine Nachricht. Sicher kann ich mich auf dich verlassen. Deshalb sei dir gesagt:

Schau beim dritten Thuja aus dem Orient.

Dort ist besagte Stelle, die sonst keiner kennt.

Dann öffnet sich die Tür zur Nummer mit der 16.

Der Rest erklärt sich selbst – du wirst es dann schon seh'n.

Viel Erfolg".

„Das ist alles, was mir Otto Devinette mitzuteilen hat? Und die blöde Reimerei scheint wohl in der Familie zu liegen!", rief Andi verärgert aus.

Dieses Mal blieb ihm nichts anderes übrig, als das Rätsel alleine zu lösen – auf Annes Hilfe konnte er jedenfalls verzichten.

! ÜBUNG 31

Übung 31: Kannst du Andi auch bei der dritten Aufgabe helfen?

$\frac{1}{2}x - (-x + 2) : \frac{1}{2} + x =$

Andreas Blum musste schnell feststellen, dass seine beiden Freunde, die in seiner Abwesenheit gemütlich in seinem Zimmer gesessen hatten, erheblich mehr heraus gefunden hatten als er, der sich mutig da draußen in der Dunkelheit herumgeschlagen hatte.

„Und deswegen haben wir die Zeit genutzt und bereits diese Nachricht in Charles' Gästebuch hinterlassen. Wir dachten, da du das Oberhaupt des A-Klubs bist, geben wir deine E-Mail-Adresse an“, erklärte Ahmed.
„Absolut großartige Arbeit!“ Andi fühlte sich geschmeichelt. „Womit machen wir nun weiter?“
„Ich würde vorschlagen, wir beginnen mit den Ermittlungen, zu denen du in der Buchhandlung nicht gekommen bist.“ Anne blickte fragend in die Runde. Aus Andis und Ahmeds zustimmenden Gesten konnte sie schließen, dass die beiden einverstanden waren. Die Zeit drängte. Schließlich sollte schon am kommenden Mittwoch ein geheimes Treffen zwischen Barsch und Worm stattfinden. Bis dahin mussten sie mit ihren Ermittlungen auf jeden Fall ein gehöriges Stück weiter sein! Also setzte sich Ahmed wieder vor die Tastatur des Computers, Andi und Anne griffen sich je einen Stuhl und nahmen links und rechts von ihrem Computerspezialisten Platz.
„Wie hast du die Kiste eigentlich zum Laufen gebracht?“, fragte Andi erstaunt, der bei all der Aufregung erst jetzt feststellte, dass der Zugang zum Internet wieder funktionierte.
„Frag am besten deine Oma“, kicherte Ahmed. „Genau genommen hat sie uns wieder online gebracht.“
„Ich verstehe“, dämmerte es Andi, der sich an einen ähnlichen Supergau vor einem Monat erinnerte, als er fast eine Woche lang vermutet hatte, irgendetwas an der Leitung sei defekt. „Oma hat also wieder aufgeräumt“, lachte er. „Und wie – wenn ich das nebenbei auch noch bemerken darf – hast du mein Passwort entschlüsselt?“
„Das hast du mir selber verraten. Naja, zumindest die einzelnen Bestandteile. Und als Detektiv muss man eben eins und eins zusammenzählen können“, grinste er Andi an.

ÜBUNG 32 !

Übung 32: Was wäre, wenn? Die Eltern von Andi legen ihr Geld nur vom 15. Januar bis zum 6. März für 6 % an! Berechne den Zins für 12 000 €! (Tipp: Berechne die Anzahl der Tage! Gehe von 360 Tagen pro Jahr aus! Kein Schaltjahr!)

Dem kleinen Mädchen mit den Sommersprossen stand der Stolz ins Gesicht geschrieben. Und wenn Anne einmal mit dem Erklären begonnen hatte, konnte sie nichts und niemand mehr stoppen.
„Gut, aus welchem Land kommen die Angelsachsen?"
„Ist das jetzt eine Fragestunde?", stöhnte Andi.
Ahmed unterbrach ihn:
„Klar, aus England."
„Ganz genau. Und was schaust du dir am liebsten im Fernsehen an, Andi?"
„Nun ja, Krimis, Detektivgeschichten …"
„Eben!", unterbrach Anne ihn. „Und welcher große Detektiv wohnt in England? Das wirst du doch wohl wissen?"
So langsam aber sicher dämmerte es Andi.
„Sherlock Holmes, natürlich. In der Baker Street 221B. Deswegen auch die 221."
„Und dann ist das die Nummer eines Post- oder Schließfaches", fuhr Ahmed hastig dazwischen.
„He, ihr seid ja doch nicht auf den Kopf gefallen", grinste Anne. „Dann wird der Schlüssel, der dem Päckchen beilag, also für das Postfach 221 passen. Das wäre die Lösung."

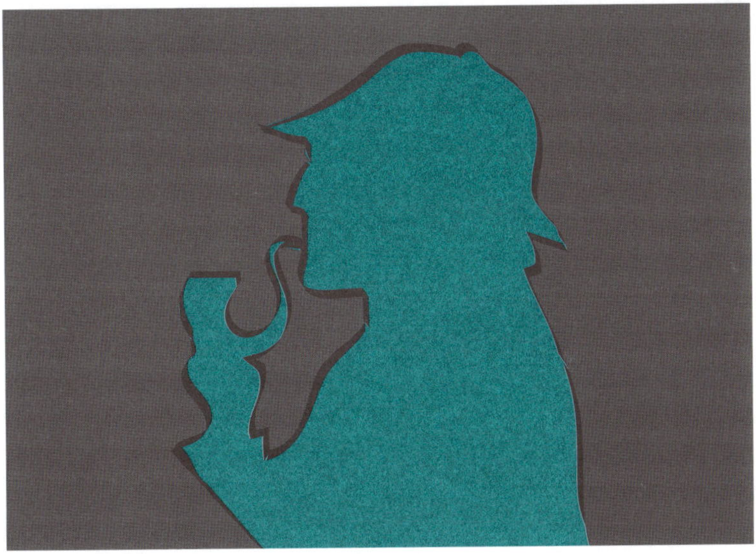

Vergnügt blickten sich die drei Freunde an. Sie hatten es tatsächlich geschafft, Madame Devinettes Rätsel zu lösen. Doch Stolz und Zufriedenheit wichen schnell aus Andis Gesicht.

„Ist heute nicht Donnerstag?“

„Ja, warum fragst du?“, antwortete Ahmed.

„Na, weil unseres tolles Postamt Donnerstag nachmittags nicht geöffnet hat“, stellte Andi enttäuscht fest. Wieder musste er sich gedulden, doch Anne heiterte seine Laune auf:

„Morgen fällt doch Sport aus. Also könnten wir die Zeit nutzen und dann zur Post fahren.“ Wie immer hatte Anne die besten Ideen.

Übung 33: Eine weitere Aufgabe lässt Andi staunen! Auf dem Girokonto von Oma Melitta befanden sich am Anfang des Monats 50 €. Andi findet die Rechnungszettel der einzelnen Einkäufe und liest jeweils die Ausgaben: 45,50 €; 8,70 €; 126,60 €; 60,20 €. Was zeigt der aktuelle Kontoauszug an?

Ahmed hatte den Stuhl, der direkt vor der Tastatur stand, geräumt. Die Mail an Otto Devinette war Chefsache. Deswegen hatte Andi seinen Platz eingenommen und gab nun die Adresse des Bibliothekars des Trinity Colleges in Dublin in das entsprechende Fenster ein. Nach einer kurzen Pause schrieb er weiter:

„Sehr geehrter Herr Devinette,

unlängst hat sich Ihre Großmutter, Madame Devinette, mit mir in Verbindung gesetzt – und zwar mit der Bitte, Sie ausfindig zu machen. Das ist mir nun gelungen. Ihre Großmutter fürchtet um die Kostbarkeiten in der alten Villa in der Einsteinallee 16. Als Nachbar besagten Hauses konnte ich tatsächlich seltsame Dinge beobachten. Setzen Sie sich bitte deswegen schnell mit mir in Verbindung.

Mit freundlichen Grüßen

Andreas Blum, Detektiv des A-Klubs.“

Mit den Worten Chefdetektiv zu unterschreiben, traute sich Andi dann doch nicht. Denn irgendwie hatte er den Eindruck, es wäre den anderen beiden unfair gegenüber gewesen. Sicherlich, den mutigsten Part hatte bislang er übernommen, als er Markus Worm und Ernst Barsch entkommen war. Doch Ahmed und Anne hatten nicht weniger glänzende Arbeit beim Lösen des Falles geleistet. Ohne seine beiden Freunde wäre er kaum dort, wo er jetzt war. Er musterte beide scharf, und als Anne und Ahmed mit einem Nicken ihr Okay gaben, drückte er den Senden-Button und die E-Mail war unterwegs in Richtung Irland. Von nun an waren dem A-Klub die Hände gebunden.

„Ich bin gespannt, ob sich Otto Devinette bald meldet oder ob er tatsächlich eine so treulose Tomate ist, wie man nach den Briefen der Madame annehmen muss“, meinte Ahmed.
„Gespannt bin ich auch“, sagte Andi. „Aber vor allem bin ich müde.“ Die drei Freunde schlugen ihr Nachtlager auf und waren sehr schnell eingeschlafen.

Übung 34: Anne hat Kuchen gebacken! Dieser Kuchenvorrat würde für sie und Andi 6 Tage reichen. Wie lange würde er für alle drei langen?

Andi nahm einen tiefen Zug aus seiner Pfeife und stieß eine dichte Rauchwolke empor. Die Menschenmenge bejubelte Meisterdetektiv Blum, nachdem Madame Devinette höchstpersönlich eine Dankesrede gehalten hatte. Lässig hob Andi die Hand und wollte auch ein paar Worte zu seinen Ermittlungen sagen. Doch wer wagte es, in der Stunde des Triumphes seine Rede durch lautes Gepolter zu unterbrechen? Und es gab nun wahrlich keinen Grund, an ihm zu rütteln und zu schütteln.
„Wach auf!“ Andi wurde aus seinem Traum gerissen. Als er aus den Augenschlitzen blinzelte, erkannte er Anne im Pyjama. Richtig, dämmerte es ihm. Anne übernachtete bei ihm und sie hatten ein weiteres Rätsel um den geheimnisvollen Enkel von Madame Devinette gelöst.
„Was ist denn los“, murmelte er noch immer schlaftrunken.

„Da ist jemand im Haus gegenüber!“, flüsterte Anne.
Mit einem Schlag war Andi hellwach und sprang auf, um einen Blick durch das Fenster zu werfen.
„Nicht das Licht anmachen“, ermahnte ihn Anne, als er schon zum Schalter der Stehlampe greifen wollte. „Das könnte sie aufschrecken.“
Anne hatte Recht. Doch, wer waren SIE? Zusammen schauten die beiden Freunde durchs Fenster zur alten Villa hinüber. Wie schon vor ein paar Nächten sah Andi den Strahl einer Taschenlampe.
„Was geht da vor?“, fragte Andi.
„Das werden wir gleich wissen“, entgegnete ihm Anne forsch. Sie schlüpfte in ihre Turnschuhe und zog sich Andis Bademantel über. „Du erlaubst doch, oder?“
„Äh, ja sicher. Was hast du vor, wenn ich fragen darf?“
„Na, was schon? Oder erkennst du von hier oben etwas?“
„Nun, da machen sich eine oder mehrere Personen im Haus zu schaffen.“
„Und wer?“
„Keine Ahnung, wie soll ich das von hier aus sehen?“
„Eben“, drängelte Anne. „Komm, wir schauen nach.“

! ÜBUNG 35

Übung 35: Zur Stärkung nimmt Andi eine Tafel Schokolade aus dem Päckchen von seinen Eltern mit. Die Länge des Päckchens betrug 2,5 dm, die Breite 80 mm und die Höhe 14 cm. Wie groß ist die gesamte Oberfläche der Schachtel?

Bevor sie durch die große Tür des Postamtes von Burgenhausen zurück auf die Straße traten, vergewisserten sich Anne, Ahmed und Andi, ob die Luft auch rein war. Noch einmal wollten sie schließlich nicht so überrascht werden wie gerade eben von Frau Seidenstickerl, und erst recht nicht von so mysteriösen und widerwärtigen Gestalten wie Markus Worm. Eine Begegnung dieser Art pro Nachmittag reichte nun wirklich.

„So schlimm ist das doch nun auch wieder alles nicht“, beruhigte Anne die beiden Jungen, als sie in deren verärgerte Gesichter sah.

„Nun ja“, meinte Ahmed, „die Frage ist, ob es sonderlich förderlich ist, wenn alle Welt von Madame Devinettes Problemen weiß. Schließlich hat sie sich persönlich an Andi gewandt.“

„An uns“, schob Andi schnell ein. Er hatte beschlossen, nicht die komplette Last dieser Geschichte alleine auf sich zu nehmen.

„Okay, an uns – aber eben nicht an Frau Seidenstickerl“, antwortete Ahmed.

Anne aber hatte – wie in den meisten Fällen – eine ganz andere Sicht der Dinge.

„Beruhigt euch wieder, Jungs. Seht es doch einmal so: Frau Seidenstickerl arbeitet im Postamt. Und da bekommt man es zwangsläufig auch mit jeder Menge Menschen und deren Kontakten untereinander zu tun. Vielleicht wird sie uns noch einmal hilfreich beim Lösen dieses Falles sein.“

„Besonders verschwiegen ist sie allerdings nicht, möchte ich mal anmerken“, entgegnete ihr Ahmed.

„Um nicht zu sagen: Sie ist geradezu redselig“, fügte Andi schnell hinzu. „Aber ändern können wir jetzt auch nichts mehr. Lasst uns also besser einen Plan aushecken, wie wir Madame Devinette helfen können.“

Die drei Freunde verstummten für eine Weile. Dann machte Andi einen Vorschlag:

„Es ist doch Wochenende. Wie wäre es, wenn ihr bei mir übernachtet und wir den Brief noch einmal in Ruhe durchgehen. Sicher haben wir etwas Wichtiges übersehen.“

„Tolle Idee. Ich sag gleich meinen Eltern Bescheid“, meinte Anne, kramte ihr ausgeschaltetes Handy hervor und gab ihre PIN-Nummer ein.

! ÜBUNG 36

Übung 36: Annes PIN-Nummer lautet: 1459. Sie überlegt sich, wie die Zahl wohl von den Römern geschrieben worden wäre! Die Anzahl der römischen Zeichen ergibt die Lösungszahl!

Beachte folgende Regeln!

1. Stehen gleiche römische Zeichen nebeneinander, so werden ihre Werte zusammengezählt!
2. Es dürfen nie mehr als drei gleiche römische Zeichen nebeneinander geschrieben werden!
3. Steht ein niedriges römisches Zeichen hinter einem höherem, so werden ihre Werte zusammengezählt. Bsp. VI = 5 + 1 = 6
4. Steht ein niedriges römisches Zeichen vor einem höheren, so wird sein Wert von diesem abgezogen. Bsp. IV = 5 – 1 = 4
5. Dabei gilt: I nur einmal vor V und X, X nur einmal vor L und C, C nur einmal vor D und M
6. V, L und D dürfen nur einmal in einer Zahl vorkommen!

Geschlagene zwei Schulstunden hatte Balduin Tiegel, der Chemielehrer am Euklid-Gymnasium, Andi und Ahmed mit dem Periodensystem der Elemente gelangweilt. Herr Tiegel war zwar ein netter Lehrer, aber auch ein wenig zerstreut, sodass seine Vorträge nicht selten in Selbstgespräche oder Geschichten aus seinem Leben ausuferten. Gerade eben noch hatten sich die zwei Jungen gewundert, wie es Tiegel geschafft hatte, vom lateinischen Begriff Plumbum für Blei auf das Kräuterbeet in seinem Garten zu kommen.
Auch der restliche Vormittag verhieß nichts Gutes. Denn eine Doppelstunde Mathematik bei Herrn von Kepler stand noch auf dem Stundenplan. Angesichts dieser Aussichten seufzten die beiden Freunde erleichtert, als die Schulglocke endlich die große Pause verlauten ließ. Andi nahm die Gelegenheit beim Schopfe und zeigte Ahmed endlich den Brief von Madame Devinette.
„Zeig her“, Ahmed konnte es kaum glauben, als Andi von seinem Päckchen erzählte und ihm den Brief als Beweis entgegenhielt. „Und der Schlüssel? Wozu passt der?“
„Genau das will ich am liebsten von dir wissen“, meinte Andi entnervt. „Ich komme bei diesem dämlichen Rätsel einfach nicht auf die Lösung. Bei der Formel kommt 221 raus. So schlau bin ich auch noch.“
„Das kann doch nicht schwer sein.“ Ahmed riss ihm den Brief aus der Hand und las aufmerksam, konnte sich aber auch keinen Reim darauf machen. „Das ist ja wirklich der Hammer. Wie soll man das denn lösen?“
„Es gibt für alles eine Lösung!“ Anne grinste naseweis und in der Sonne schienen ihre Sommersprossen förmlich zu leuchten.
Andi und Ahmed sahen sich stumm an, nickten, und Ahmed reichte Anne den Brief.
„Na dann, Frau Superschlau. Viel Vergnügen. Ich würde sagen, wir treffen uns heute Nachmittag in der Bücherei und bis dahin hast du

dann die Lösung parat. Du weißt ja, es gibt für alles eine Lösung." Die beiden Jungs lachten und ließen ihre verdutze Freundin einfach stehen.

Übung 37: Mal schauen, ob du auch die Lösung zur zweiten Aufgabe weißt: Um wie viel ist die Differenz zwischen 231 und 76 kleiner als die Hälfte von 440? Addiere zum Ergebnis eine 4!

Andis Laune verbesserte sich auch nicht, als er sein E-Mail-Postfach öffnete. Keine Antwort von Otto Devinette.

„Hoffentlich macht er nicht gerade Urlaub. Das hätte gerade noch gefehlt", murmelte er vor sich hin. Dann warf er noch einmal trotzig einen Blick auf den Brief seiner Eltern. Vielleicht ist es ja auch ganz gut, dass sie übermorgen nicht zu Hause sind, dachte er. Dann kommen sie uns nicht in die Quere. Schließlich hat der A-Klub an meinem Geburtstag noch einen anderen wichtigen Termin. Fast vergessen hatte Andi nämlich das Gespräch von Markus Worm und Ernst Barsch, das er damals mit Anne im Garten der Einsteinallee belauscht hatte. Am Mittwoch um 18 Uhr sollte ein geheimes Treffen stattfinden. Andi schmiedete einen Plan: Zunächst wollte er gemeinsam mit Ahmed und Anne die beiden Missetäter auf frischer Tat ertappen und anschließend würde sicherlich noch genügend Zeit bleiben, um mit seinen beiden Freunden den Geburtstag und die Lösung ihres ersten echten Falles zu feiern.

„Sofern uns Otto Devinette keinen Strich durch die Rechnung macht. Ein paar Informationen mehr hinsichtlich der Kostbarkeiten, die wir beschützen sollen, könnten zumindest nicht schaden“, flüsterte der Junge leise vor sich hin. Dann beschloss er, im Messenger Ausschau nach Ahmed zu halten.

Tatsächlich war sein Freund ebenfalls online. Die spannende Frage, ob eine Nachricht von Otto Devinette eingegangen war, hatte Ahmed keine Ruhe gelassen.

„Nichts gekommen“, schrieb Andi.

„Schade. Aber vielleicht ja noch heute Abend oder spätestens dann morgen. Und natürlich komme ich zu deinem Geburtstag!“ Er fand Andis Plan exzellent. „Da haben wir dann doppelten Grund zum Feiern ;-)“

„Nun zu etwas anderem“, schrieb Andi, „kannst du mir vielleicht noch eine der Aufgaben für die Arbeit morgen erklären? Ansonsten hab ich alles verstanden. Ich schick dir eben meinen Lösungsansatz per Mail rüber, okay?“

Übung 38: In der E-Mail steht folgende Aufgabe:

$-6x + 3x - 27x - 15x + 8x =$

Ahmed tippte eifrig in die Suchmaschine des Browsers das Wort „Trinity“ ein. Jede Bewegung seiner flinken Finger wurde dabei voller Hochspannung von Andi und Anne begutachtet. Die Zeit eilte.

Die ersten Ergebnisse, die die Suchmaschine dieses Mal ans Tageslicht brachte, waren ernüchternd.
„Nichts dabei bislang", stellte Ahmed fest. Was folgte, war ein Verweis auf einen Berliner Konzertveranstalter mit gleichem Namen, eine CD-Kritik einer Band, die ihr Album genauso genannt hatte, und anschließend noch ein Chat-Café, das ebenso getauft war.
„Ein beliebter Name", stellte Andi verärgert fest.
„So kommen wir jedenfalls nicht weiter", meinte Ahmed, nachdem sie nun schon über eine halbe Stunde vor dem Computer saßen.
„Warte mal", rief Anne plötzlich dazwischen. „Was ist mit diesem Link?" Sie deutete auf den vorletzten Verweis auf Seite 13 der Suchergebnisse.
„Was soll damit sein, Anne?", grummelte Ahmed. Ihm war die Lust mittlerweile gehörig vergangen. Die Seite, auf die Anne aufmerksam geworden war, war vom Trinity College in Dublin, der irischen Hauptstadt.
„Ich habe mich nur gerade an das Wort ‚Ale' erinnert. In Irland trinkt man diese Biersorte schließlich auch", erklärte das Mädchen trotzig. Andi fand dies eine ausgezeichnete Idee.
„Klick mal drauf", forderte er Ahmed auf. Ein wenig störrisch folgte Ahmed dem forschen Ton seines Freundes.
„Ich glaub zwar kaum, dass das etwas bringt, aber bitte schön."
Die Seite des Trinity Colleges öffnete sich.

ÜBUNG 39 !

Übung 39: Auf der Seite des Trinity Colleges finden die drei vom A-Club auch eine Übungsseite für die Mathematikarbeit am Dienstag! Versuche folgende Aufgabe zu lösen! Multipliziere Zähler und Nenner, um die Lösungszahl zu erhalten!

$$\frac{1}{7} + \frac{4}{3} + 0{,}5 - 0{,}\overline{6} =$$

Anne war es gelungen, sich an Oma Melitta und deren bohrenden Fragen vorbeizustehlen. Als sie die Tür zu Andis Zimmer wieder leise öffnete, war zwischen den beiden Jungen gerade ein heftiger Streit über die weitere Aufgabenverteilung entbrannt.
„Darf ich auch mal was sagen?“, warf das Mädchen ein, nachdem sie sich das Gezanke eine Weile stumm mit angesehen hatte. „Ich schlage vor, Ahmed kümmert sich um die technischen Sachen und unsere, naja, unsere Ausstattung. Du bist schließlich ein Mathe- und Physik-Fuchs. Und ganz nebenbei könntest du auch noch die Ermittlungen im Internet und die Verwaltung am Computer übernehmen. Einverstanden?“ Ahmed nickte sehr zufrieden.

„Und was bleibt da noch für mich?“ fragte Andi etwas beleidigt und sah sich schon auf dem Abstellgleis. Doch auch hier hatte Anne eine Antwort parat:

„Na du bist und bleibst unser Chefermittler, verteilst künftige Aufgaben und bist der Hauptobservator.“

„Obser-was?“

„Na observieren, beschatten, beobachten. Du hängst dich an die Verdächtigen ran. Allerdings könnte ein bisschen Übung nicht schaden. Ich schlage vor, der Schulbus fällt künftig aus und du fährst mit dem Rad von Moorhof zum Gymnasium“, feixte Anne.

„Sehr witzig. Aber gut, machen wir es vorerst so“, antwortete Andi. Anne stellte entzückt fest, wie leicht die beiden Jungs doch zu berechnen waren.

„Ahmed und ich observieren dann als Erstes den Hintergarten von Madame Devinette und schauen, was der saubere Ernst Barsch mittlerweile so treibt“, schlug Andi vor. Den Hausmeister hatten die drei Freunde bei der Gründung des A-Klubs fast vergessen.

„Das wird leider nichts. Ich muss gleich noch mal in den Laden und meinem Vater helfen“, murmelte Ahmed vor sich hin.

„Gut, dann übernimmt Anne. Vielleicht findest du in der Zwischenzeit etwas über Otto Devinette heraus. Ich meine, die Kundschaft wird euch den Laden schon nicht einrennen.“

Während Andi seinen Freund bis zur Tür begleitete und verabschiedete, nahm sich Anne das Telefonbuch zur Hand, um die Adressen der Hauptverdächtigen zu notieren.

ÜBUNG 40 !

Übung 40: Anne schlägt das Telefonbuch auf und landet zufällig bei dem Namen der Klassensprecherin der 8a, Vivien Dorn, die von anfallenden Ausgaben berichtet hatte. Vivien nimmt zuerst $\frac{3}{5}$ und dann $\frac{1}{4}$ des ursprünglichen Geldbetrages aus der Klassenkasse. Es verbleiben 12 € in der Kasse. Wie viel war in der Kasse?

„Langsam aber sicher wird mir das Ganze hier eh zu bunt. Soll sich der Boss doch selber um die Angelegenheit kümmern“, entgegnete Worm ebenso unfreundlich.
„Wir hatten eine Abmachung. Und ich denke, wir sollten uns auch daran halten. Auf mich ist jedenfalls Verlass“, schloss der Hausmeister des Euklid-Gymnasiums die Diskussion ab. Er nahm die Harke zur Hand und fegte das Laub auf dem Rasen zusammen.
„Ist ja schon gut“, lenkte Worm kleinlaut ein. „Natürlich bin ich auch dabei. Ich wollte ja nur nachfragen, ob es Neuigkeiten gibt.“
Die beiden Streithähne bemerkten nicht, dass sie zwei eifrige Zuhörer hatten. Nur wenige Meter entfernt kauerten Anne und Andi in ihrer Deckung und lauschten aufmerksam dem Gespräch.
„Okay, dann bleibt alles beim Alten und wir ändern den Termin nicht“, fuhr Markus Worm fort.
„Das ginge ja auch schlecht“, entgegnete der Hausmeister brummig.
„Gut, dann sehen wir uns am Mittwoch, 18 Uhr, gleicher Ort.“
Markus Worm nickte kurz und machte sich auf leisen Sohlen davon.
Noch eine weitere halbe Stunde warteten die beiden Freunde in ihrem Versteck und beobachteten Ernst Barsch. Doch der widmete sich ganz seiner Gartenarbeit und packte dann seine Gerätschaften ein. Zu Andis und Annes Enttäuschung, machte er überhaupt keine Anstalten, irgendwie verdächtig zu wirken. Er verstaute alles in

seinem Wagen, der im Übrigen kein Kombi war, wie Andi wiederum enttäuscht feststellte, und fuhr mit stotterndem Auspuff davon.
„Macht nichts, wir haben genug gehört!“ Andi schaute auf die Uhr. „Komm, lass uns wieder nach drüben gehen, bevor die Körners zurück sind. Oh, außerdem ist es schon 15 Uhr, da hat Ahmed ja Feierabend.“

! ÜBUNG 41

Übung 41: Hier kommen noch ein paar kleine Aufgaben mit Dezimalbrüchen. Addiere die beiden Ergebnisse!

1. 100 : 0,01 = ______________________

2. 0,2 : 0,008 = ______________________

Das war zu viel für Andi. Der Junge stand immer noch gehörig unter Strom. Erst war es ihm gelungen, an Ernst Barsch und Markus Worm vorbei in die Freiheit zu gelangen. Und nun hatte Oma Melitta auch noch seine Abwesenheit bemerkt. Das würde Ärger geben. Andi war gerade dabei sich eine Ausrede auszudenken, als Anne die Tür aufriss und ihm in die Arme fiel.
„Jetzt mach dir nicht ins Hemd. Ich bin es bloß“, lachte Anne und auch Ahmed konnte sich angesichts Andis erschrockenem Gesichtsausdruck nicht zurückhalten.
„Sehr, sehr witzig. Wenn ihr wüsstet, was meine armen Nerven heute schon alles durchmachen mussten! Und seid ihr von allen guten Geistern verlassen? Was machen wir, wenn uns meine Oma hier so erwischt?“
„Keine Sorge“, winkte Ahmed ab. „Die ist gar nicht da. Sie ist zu irgend so einem Diavortrag. Wir sollen dir ausrichten, dass du alle Fenster schließen sollst, Herr Blum“.

„Oma ist nicht da? Um so besser. Es gibt übrigens Neuigkeiten!“, erzählte Andi seinen Freunden, als er die Haustür von innen schloss. „Allerdings auch eine schlechte Nachricht. Über Trinity konnte ich nichts heraus bekommen.“ Noch auf dem Weg nach oben schilderte er Ahmed und Anne, wie heldenhaft er ihren beiden Hauptverdächtigen, dem Hausmeister Barsch und dem Auszubildenden Worm, entkommen war. „Ich vermute, dass sie mich noch bestimmt fünf Minuten verfolgt haben! Aber gegen die Geschwindigkeit meines Fahrrades waren sie natürlich machtlos.“
„Nun ja“, merkte Anne an, „große Neuigkeiten haben wir ja jetzt nicht erfahren.“ Doch als sie Andis enttäuschten Gesichtsausdruck bemerkte, fügte sie schnell hinzu: „Aber deine Beobachtungen bestätigen unseren Verdacht natürlich um so mehr.“
Das hörte sich schon besser an, dachte Andi zufrieden.

Übung 42: Du solltest dich noch etwas mit den Potenzen der vorherigen Aufgabe beschäftigen! Die Mathematikarbeit am nächsten Dienstag kommt ganz sicher! Berechne die folgenden Aufgaben und addiere die Endergebnisse, um die Lösungszahl zu erhalten!

! ÜBUNG 42

1. $2^5 =$ ______________________________

2. $(-2)^5 =$ ______________________________

3. $2^4 - 2^5 =$ ______________________________

4. $3^4 =$ ______________________________

____

Ratlos schauten sich die drei Freunde an. Die Fragezeichen standen ihnen buchstäblich auf der Stirn geschrieben. Für Andi war das alles ein bisschen zu viel. Schließlich war der Brief von Madame Devinette an ihn gerichtet. Und selbst wenn die Madame dieses Mal auch Anne und Ahmed mit angesprochen hatte, war es doch er, der die Verantwortung für die Kostbarkeiten trug, die anscheinend in der Einsteinallee Nummer 16 gelagert waren – was immer Madame Devinette damit auch meinte. Er war es, dem man vertraute.

Andi hatte immer von einer Karriere als Meisterdetektiv geträumt. Und jetzt, da er seinen ersten Fall zu lösen hatte, war er bereits mit seinem Latein am Ende. Hätte er nicht wenigstens zu Anfang seiner Detektivlaufbahn eine weniger harte Nuss zu knacken bekommen können? Musste es ausgerechnet eine Unbekannte sein, die ihm schrieb und um Hilfe bat? Er hatte ja noch nicht einmal das erste Rätsel ganz alleine lösen können. Mit einem Schlag kamen in Andi große Selbstzweifel auf. Doch er hatte keine Zeit, sich weiter mit diesen Gedanken zu befassen, denn eine ihm sehr vertraute Stimme holte den Jungen in die Realität zurück.

„So, so, für deine Mutter also?" Katrin Seidenstickerl hatte sich an die drei Freunde herangeschlichen und sah sie enttäuscht der Reihe nach an. Ihr Blick blieb auf Anne ruhen und verriet dem Mädchen, dass es an der Zeit für eine Erklärung war.

„Also weißt du, Katrin, wir wissen ja selber nicht genau, wem dieses Postfach gehört."

„Na, deiner Mutter jedenfalls nicht", antwortete Frau Seidenstickerl fast beleidigt. Doch ihre Miene hellte sich wieder auf, als Anne die Postbeamtin zumindest ein wenig in das Geheimnis einweihte.

„Vielleicht kannst du uns ja helfen. Du kennst doch so viele Leute. Sagt dir der Name Devinette etwas?"

„Devinette?", grübelte Katrin. „Nie gehört. Aber ich höre mich mal um", versprach sie den Kindern, als diese das Postamt verließen.

Übung 43: Vor dem Postamt hält gerade der gelbe Postbus. Aus dem vollen Bus sind 35 Personen ausgestiegen, aber nur 19 Personen zugestiegen. Nun ist jeder vierte Platz frei! Wie viele Personen passen in den Bus?

Weil Ahmed auch die letzten Unklarheiten ausgeräumt hatte, war Andi überhaupt nicht nervös und schlief tadellos. Erst als er am Dienstagmorgen aus dem Schulbus stieg, merkte er, wie sein Magen zu Grummeln begann.

In der Klasse herrschte hektische Betriebsamkeit – das ganz normale Chaos vor einer Mathearbeit. Erst, als Paul von Kepler mit einem Stapel Aufgabenzetteln die Klasse betrat, wurde es leiser.

„Ruhe, wenn ich bitten darf!“, forderte Herr von Kepler streng. Mit dem Mathematiklehrer war ohnehin nicht gut Kirschen essen. Aber wenn eine Klausur anstand, verstand er noch weniger Spaß. Schon die kleinste Andeutung, dass einer der Schüler zu schummeln versuchte, und Graf Zahl kassierte das Heft sofort ein und verzierte die entsprechende Seite mit einer dicken, roten Sechs. So war es letztes Mal auch Joachim Hopper ergangen, einem Klassenkameraden von Andi, Anne und Ahmed, den alle nur Jojo nannten. Jojo hatte zwar beteuerte, lediglich nach einem Radiergummi in seinem Rucksack gesucht zu haben. Doch Paul von Kepler war eisenhart geblieben und hatte erklärt:

„Tausendmal habe ich euch schon gepredigt, ihr sollt alle Utensilien, die ihr benötigt, vorher auf euren Tisch legen.“

Und natürlich ließ er es sich auch heute nicht nehmen, darauf eine Anspielung zu machen.

„Hopper, du weißt, eine Sechs gilt es auszugleichen. Und für unser aller Blümchen sieht es bislang auch nicht rosig aus.“

Andi widersprach nicht. Er würde seinen Triumph noch genießen. Obwohl er genug gelernt hatte, stieg die Nervosität doch, als Graf Zahl die Aufgabenzettel verteilte.

„Jeder für sich und der liebe Gott für uns alle.“ Das war der immer wiederkehrende Spruch seines Lehrers, der anzeigte, dass sie mit der Arbeit beginnen sollten.

Nun konnte Andi keiner mehr helfen. Schwitzend saß er über den Aufgabenzettel.

Übung 44: Die erste Aufgabe der Mathematikklausur von Andi! Kannst du ihm helfen?

$$17x - (18y + 11z - 5x) - (15x - 4y + 3z) - (7x - 14y - 15z) =$$

„Okay, wir können loslegen!“ Anne riss die Tür auf und Andi, der mit seinem Stuhl am Schreibtisch kippelte, geriet ins Wanken.

„Ups“, lachte Anne, „ich wollte dich nicht erschrecken.“

„Schon gut, ist ja nichts passiert“, antwortete Andi, als er sich gerade noch fangen konnte. „Moment, ich hole den Brief.“

Er kramte in seiner Tasche und zog den Umschlag hervor. Nachdem es sich die beiden im Schneidersitz mitten im Zimmer bequem gemacht hatten, faltete Andi das Blatt auseinander und las noch einmal laut vor.

„Fangen wir mit dem Leichtesten an: die Kombination der Formeln“, meinte Anne.

„Oje, Mathe“, stöhnte Andi, während Anne sich einen Stift und ein leeres Blatt Papier von seinem Schreibtisch nahm und zu rechnen begann.

„Also ich bekomme 1520 und 2015 heraus!“, rief sie nach einer kurzen Weile. „Mmmh, und jetzt das Rätsel, mal überlegen. ‚Meiner lieben Tochter Sohn‘ – damit kann sie nur ihren Enkel meinen.“

„Stimmt“, rief Andi begeistert. Langsam schöpfte auch er wieder neuen Mut. „Und die Madame hat Angst um ihr Haus und irgendwelche Schätze, die sie dort aufbewahrt.“

Anne nickte stumm.

„Wir sollen also ihren Enkel zurate ziehen. Den Namen nennt sie nicht. Also kann der Name nur in Verbindung mit den Matheaufgaben stehen. Anders geht es nicht!“, bemerkte Anne.

„Wieder einmal genial, Anne. Jetzt verrate mir nur noch: Was soll man von zwei Zahlen – 1520 und 2015 – auf einen Namen kommen?“ Andi wusste nicht weiter. Doch Anne rechnete fleißig auf ihrem Zettel.

Übung 45: Anne hat auf ihrem Schmierpapier auch ein Koordinatensystem eingezeichnet. Zeichne dir ebenso ein Koordinatensystem. Trage die folgenden Punkte ein und verbinde die Buchstaben A bis E und D bis H jeweils alphabetisch!

ÜBUNG 45 !

C(3|3); A(–3|4); F(3|–1); H(–3|–2);
B(0|5); E(–1|1); G(0|–3); D(1|1)

Die Homepage der Trinity Universität zu Dublin hatte jede Menge Informationen zu bieten. Ahmed klickte trotzig durch die Seiten und machte überhaupt keine Anstalten, zurück zur Suchmaschine zu kehren. Sollten sich Anne und Andi doch satt lesen – und das taten sie auch.

Das TCD, wie das College kurz genannt wurde, war die älteste irische Universität. Sie wurde 1592 von Elizabeth I. gegründet, die ihren protestantischen Untertanen damals eine konfessionell korrekte Ausbildung ermöglichen wollte.

„Höchst spannend", stellte Ahmed bockig dazu fest. Doch Anne und Andi ließen sich nicht beirren. Viele berühmte Persönlichkeiten waren auf das Trinity gegangen, darunter auch die Autoren Jonathan Swift, Samuel Beckett und auch Bram Stoker, der geistige Vater von Dracula. Auf einmal hielt Ahmed inne. Er hatte gerade die Rubrik der Mitarbeiter aufgerufen und traute seinen Augen kaum, als er den Namen des Angestellten las, der für die alte

Bibliothek der Universität verantwortlich war. In kleinen aber nicht zu übersehenden Buchstaben stand da: Otto Devinette!
„Sensationell. Wir haben ihn gefunden!“ Anne sprang auf. Und auch Andi saß nicht mehr auf seinem Stuhl. Vor Schreck hatte er sich beim Aufstehen mit einem Kabel verheddert und war fast hingefallen. Doch er berappelte sich gleich wieder, warf nochmals einen Blick auf den Monitor und stieß vor Freude einen Schrei aus.
„Da hattest du ja mal wieder den richtigen Riecher, Anne“, musste nun auch Ahmed zugeben.
Otto Devinette war der Bibliothekar des Trinity Colleges in Dublin.

Übung 46: Berechne folgende Aufgabe:

$19 \cdot 3^4 =$ ______________________________

ÜBUNG 46 !

„Alles klar, Mama. Ja, ich erledige die Einkäufe morgen.“ Anne beendete das Gespräch. „Prima! Können wir los?“
„Nicht so hastig. Ich müsste auch erst einmal meine Eltern fragen, ob ich überhaupt bei Andi übernachten darf“, entgegnete Ahmed. Dieser Fall gestaltete sich als weitaus schwieriger. Ahmed wuchs zwar in einer sehr liberalen Familie auf, doch in den aus seiner Sicht wichtigen Angelegenheiten war sie bisweilen sehr streng. Vor sieben Jahren war er als kleiner Junge mit seinen Eltern nach Deutschland gezogen. Sie hatten sich schnell in Burgenhausen zurechtgefunden, wo sein Vater einen Obst- und Gemüseladen betrieb. Er mochte Ahmeds Freunde, doch ab und an vertrat er die Meinung, eine strenge Erziehung könne auch nicht schaden. Ahmed wusste also noch nicht so recht, was ihn zu Hause erwarten würde, als er sich mit Andi und Anne auf den Weg machte.

Wie für einen Novembertag üblich, hatte es schon am Nachmittag zu dämmern begonnen. Und Ahmeds Sorgen schienen nicht ganz unbegründet zu sein, wie die drei Freunde bemerkten, als sie durch die Gartenpforte das Grundstück der Özdems betraten.
„Weißt du eigentlich, welche Sorgen sich deine Mutter macht?“, rief Murat Özdem, Ahmeds Vater, der schon in der Haustür stand. Anne und Andi warf er nur einen flüchtigen Blick zu.
„Ich bin doch kein kleines Kind mehr“, antwortete Ahmed ihm mutig. Doch das war anscheinend die falsche Taktik.
„Hallo Anne, hallo Andi“, antwortete Murat Özdem ruhig.
„Guten Tag, Herr Özdem“, antworteten die Angesprochenen höflich im Chor.
„Entschuldigt, aber Ahmed muss mir heute noch bei den Rechnungen für den Laden helfen.“ Herr Özdem drehte ihnen den Rücken zu und Ahmed wusste, was das zu bedeuten hatte.
„Dann müsst ihr heute Abend eben ohne mich das verdammte Rätsel lösen.“ Er verabschiedete sich enttäuscht und sah sich schon zwischen Tomaten und Äpfeln vor dem Rechnungsblock sitzen.

ÜBUNG 47 !

Übung 47: Gleich die erste Aufgabe bringt Ahmed ins Schwitzen. Ahmeds Vater hat drei Körbchen mit Tomaten verkauft. Im ersten Körbchen sind zwei Tomaten mehr als im zweiten Körbchen, aber 3 Tomaten weniger als im dritten. In allen drei Körbchen sind insgesamt 88 Tomaten. Berechne die Anzahl der Tomaten im ersten Körbchen!

Andi wusste ganz genau, wie er seine Oma wieder milde stimmen konnte. Er hatte den Wecker schon auf 7 Uhr gestellt, obwohl Sonntag und damit eigentlich eine perfekte Gelegenheit zum Ausschlafen war. Ahmed warf verstört einen Blick auf das Ziffernblatt, als ihn das quälende Rasseln weckte. Zunächst hielt er Andi für komplett übergeschnappt, doch dann erinnerte sich an den enttäuschten Blick von Frau Stock, der ja schließlich ihm und Anne gegolten hatte, und schlüpfte aus seinem Schlafsack. Anne war bereits aufgestanden und teilte die anstehenden Aufgaben zu:

„Deckt ihr den Tisch und ich besorge einen Strauß Blumen. Dabei kann ich gleich noch einen Blick auf die alte Villa werfen."

Ohne etwas Interessantes beobachtet zu haben, kam Anne mit einem Strauß frischer Wiesenblumen zurück. Die beiden Jungs waren gerade fertig und der Kaffee lief in die Kanne, als Melitta Stock im Bademantel vor ihnen stand. Sichtlich überrascht und erfreut gleichermaßen fragte sie noch ein wenig schlaftrunken:

„Was ist denn hier los?" Andi fackelte nicht lange:

„Es tut uns leid, Oma. Anne und Ahmed trifft keine Schuld. Sie haben für mich gelogen. Aber wir mussten schließlich mit den Ermittlungen vorankommen", und schnell fügte er hinzu: „weil das Internet ja nicht funktionierte". Er hoffte, seiner Oma so ein schlechtes Gewissen zu machen. Es wirkte. Die alte Dame setzte sich sichtlich gerührt an den Tisch und genoss ihr Rührei mit Schinken und eine große Tasse Kaffee.

„Lasst nur stehen, ich erledige das", meinte sie, als Anne mit dem Aufräumen beginnen wollte. „Wenn ich mich recht erinnere, steht doch eure Mathematikarbeit an und da ihr schon einmal zusammen seid, solltet ihr die Zeit nutzen." Sichtlich erleichtert, dass die alte Dame nicht mehr sauer war, gaben sie ihr Recht. Und weil Ahmed sowieso einige Übungsaufgaben vorbereitet hatte, machten sie sich ohne großes Murren ans Werk.

Übung 48: Das Schwimmbecken in der Schule von Andi wird in 6 Stunden von drei Pumpen entleert. Wie viele Pumpen sind nötig, um das Becken in 2 Stunden zu entleeren?

Als Ahmed schließlich so weit war, drehten die drei Freunde ihren Rädern den Rücken zu und machten sich zielstrebig in Richtung Eingangstür des Postamtes auf.

„Oje“, stöhnte Andi. „Der hat uns gerade noch gefehlt.“

Anne und Ahmed sahen sich verwundert an und wussten nicht so recht, auf wen Andis Kommentar abzielte. Doch keine zehn Sekunden später war klar, wen Andi meinte.

„Wen haben wir denn da?“ Markus Worm warf einen abwertenden Blick auf die drei. Gehässigkeit stand bei Herrn Worm immer dann auf der Tagesordnung, wenn sein Chef nicht in der Nähe war. Und der war kein Geringerer als Andis Vater, Walter Blum, dem die Buchhandlung in Burgenhausen gehörte. Markus Worm machte nach einem gescheiterten Studium dort seine Ausbildung. Andi verstand seinen Vater in diesem Punkt überhaupt nicht, doch der zeigte sich großzügig:

„Jeder Mensch verdient eine zweite Chance“, hatte Herr Blum seinem Sohn stets entgegnet.

„Blümchen, Anne Ramasuri und Ahmed Özgen, wenn ich mich nicht irre.“

„Özdem“, korrigierte Ahmed ihn mit hochrotem Kopf.

„Und ich heiße Andreas“, schnaubte Andi wütend.

Nur Anne behielt wie immer einen kühlen Kopf.

„Schon gut, halten wir Herrn Wurm nicht weiter auf.“
„Worm!“ Der junge Mann hob irritiert die buschigen Augenbrauen. „Nicht so vorlaut, junge Dame. Überhaupt, was verschlägt euch denn zum Postamt?“ Anne schaltete am schnellsten:
„Überhaupt nichts. Bevor Sie fragen: Wir schwänzen nicht, sondern haben frei. Und da dachten wir, eine Cola im Café Blick wäre genau das Richtige.“
„Aber …“ – Andi kam nicht sehr weit, da spürte er schon einen Tritt gegen sein Schienbein.
„Also noch einen wunderschönen, ereignisreichen Tag.“ Anne beendete das Gespräch und zog den verdutzten Andi zusammen mit Ahmed auf die andere Straßenseite, schnurstracks ins Café Blick. Die Kellnerin kam und reichte ihnen die Getränkekarte.

Übung 49: Gerade in diesem Augenblick fällt Andi eine Aufgabe über negative Zahlen vom Vormittag ein! Welche Zahl muss man von 572 addieren, um –572 zu erhalten?

Andis Plan ging auf. Als der Bus im Akazienweg in Moorhof hielt, hatte er es tatsächlich geschafft, seine drei Matheaufgaben zu bewältigen. Stolz warf Andi noch einen Blick auf seine Notizen und ließ das Heft dann in seinem Rucksack verschwinden.
Mit einem freudigen Satz sprang der Junge aus dem Bus, schlenderte den Akazienweg entlang und bog dann in die Einsteinallee. Schon von weitem konnte er die Königsberger Klopse, die seine Oma

gekocht hatte, riechen. Ein perfekter Tag, dachte Andi, als er den Hauseingang erreicht hatte. Für einen Moment blieb sein Blick am Haus Nummer 16 hängen – der alten Villa gegenüber.

„Deinem Geheimnis komme ich auch noch auf die Schliche." Andi kramte nach seinem Schlüssel und öffnete die Tür – der wohlige Geruch der Königsberger Klopse schlug ihm aus dem Flur entgegen.

„Hallo Oma, ich bin wieder da."

„Schön mein Junge." Melitta Stock warf einen Blick aus der Küche. Mit freudiger Miene ergänzte sie: „Ich habe deine Leib- und Magenspeise gekocht."

„Man riecht es bis nach Burgenhausen!" Andi grinste und setzte sich an den Küchentisch. Seine Oma tischte ihm einen großen Teller auf.

„Ach, ehe ich es vergesse, da ist heute ein Päckchen mit der Post gekommen."

„Von Mama und Paps? Was ist es dieses Mal?", fragte Andi, während er das Essen in sich hinein löffelte.

„Iss nicht immer so hastig, Junge. Nein, von deinen Eltern ist das Päckchen gewiss nicht. Aber zuerst werden die Hausaufgaben erledigt." Oma Melitta versuchte, einen strengeren Ton anzuschlagen.

„Die habe ich bereits im Bus gemacht. Ich habe heute noch einiges vor, musst du wissen." So recht wollte Oma Melitta das nicht glauben.

„Na, dann zeig mal her!", antwortete sie und streckte die Hand aus. Andi reichte ihr seine Hausaufgaben.

ÜBUNG 50 !

Übung 50: Andi sieht das Päckchen auf der Kommode stehen. Es hat eine Länge von 2,5 dm, eine Breite von 80 mm und eine Höhe von 14 cm (Innenmaße!). Seine Eltern schicken ihm Schokoladentafeln mit je einem Volumen von 70 cm^3. Wie viele Tafeln passen in das Päckchen? Addiere zum Ergebnis eine 3!

„Das ist es. Perfekt!“ Ahmed hob jubilierend die Hand und ballte sie siegessicher zu einer Faust. Auch Anne fand anerkennende Worte für den gerade eben ins Leben gerufenen A-Klub.
„Ja, ich denke das passt“, teilte sie etwas unterkühlt mit – wie immer –, wenn eine Idee nicht von ihr stammte. Damit aber keiner der zwei Jungs auf die Idee kam, sie wäre mit dem Namen nicht einverstanden, ergänzte sie schnell: „Richtig gut.“
„Nicht wahr?“, freute sich Andi angesichts so viel Lobes. „Ernst Barsch, Markus Worm und alle Verbrecher dieser Welt sollten sich warm anziehen!“, posaunte er heraus.
Der A-Klub war also aus der Taufe gehoben. Doch die drei Freunde hatten keine Zeit zu verschenken. Schließlich hatten sie den Auftrag, sich um Madame Devinettes alte Villa und ihre geheimnisvollen Kostbarkeiten zu sorgen. Und schlussendlich mussten sie ihren Enkel Otto ausfindig machen – wo immer er sich in dieser Welt auch herumtreiben mochte.
„Okay“, trieb Andi die erste Sitzung des A-Klubs feierlich und energisch zugleich voran. „Ich schlage vor, wir kümmern uns um die Aufgabenverteilung. Irgendwelche Vorschläge?“
Zunächst schauten sich alle drei fragend an. Schließlich gründete man nicht alle Tage ein Detektivbüro. Dann nahm sich Ahmed ein Herz und fing an:
„Ich schlage vor, Anne kümmert sich um die – nennen wir es einmal – persönlichen Recherchen. Also, wenn es darum geht, Leute zu interviewen oder wenn wir weiteres Recherchematerial benöti-

gen. Ich denke, da ist es von Vorteil, wenn ein kleines, niedliches Mädchen daherkommt."

„Es weiß ja keiner, was dahinter steckt", ergänzte Andi mit breitem Grinsen.

„Typisch Jungs", entgegnete Anne gelassen. „Aber gut, ich mach's."

„Bestens, dann hole doch gleich schon mal das Telefonbuch von unten", kommandierte Andi. Prompt traf ihn ein Kissen am Kopf.

ÜBUNG 51 !

Übung 51: Andis Eltern verbringen einen Teil ihrer Weltreise in Kanada. Als begeisterter Angler fischt Herr Blum natürlich in einem kanadischen Gewässer mit einer Fliegenrute nach Lachsen! Dabei steht er auf einem Steg. Ein Pfahl dieses Steges ist $\frac{1}{8}$ über Wasser und $\frac{1}{5}$ im Boden. Wie lange ist der Pfahl, wenn 21,60 m von Wasser bedeckt sind?

Zehn Minuten hatte Andi stumm vor seinem Monitor gesessen und versucht, sich einen Reim auf Otto Devinettes Antwort zu machen. Er spürte den Druck, der ihm im Nacken saß, weil es für den Jungen beschlossene Sache war, Anne dieses Mal nicht nach Hilfe zu fragen. Erst das Rufen von Oma Melitta riss Andi aus seinen Gedanken. Noch einmal flog sein Blick auf den Bildschirm und er merkte, dass er ganz übersehen hatte, dass auch Ahmed ihm

geschrieben hatte. Allerdings nichts, was seine Laune hätte aufheitern können. Kurz und knapp stand da:
„Hi Andi, sorry, mein Vater hat mich morgen zur Schicht im Laden verdonnert. Ich kann also nicht kommen." Das konnte nicht sein. Jetzt ließ ihn auch noch sein bester Freund im Stich. Wütend warf er einen seiner Turnschuhe gegen den Computer.
„Ja, ich komme", rief er äußerst gereizt nach unten.
„Was für eine Laus ist dir denn über die Leber gelaufen?", wollte Frau Stock wissen. „War die Mathematikarbeit so schwer?"
„Ganz im Gegenteil. Schwer sind nur meine Freunde. Schwer zu verstehen", brummte er ihr entgegen.
„Würdest du noch ein Baguette vom Bäcker holen? Ich will morgen zu deinem Ehrentag die Kräuterbutter machen, die du so magst."
„Auf meinen Geburtstag kann ich verzichten. Es kommt ja eh keiner", antwortete Andi mürrisch. Dann nahm er das Geld, suchte seinen Turnschuh, den er in seinem Wutausbruch durch das Zimmer geworfen hatte, und verließ das Haus.
Ernst Barsch werkelte immer noch im Garten von Madame Devinette herum. Vielleicht sollte ich ihn zu meinem Geburtstag einladen, dachte Andi. Echte Freunde hat der bestimmt auch nicht. Auf einmal überlegte sich Andi spontan, seine Taktik zu ändern.
„Guten Tag, schöne Pflanzen." Er zeigte auf die knapp zwei Meter hohen Gewächse. Ernst Barsch war sichtlich überrascht ob Andis Freundlichkeit.
„Ja", antwortete der Hausmeister wortkarg, als Andi an ihm vorüberschlurfte. „Morgenländische Lebensbäume."

Übung 52: Nur noch zwei Aufgaben muss Andi lösen! Multipliziere den Koeffizienten mit 67, um die Lösungszahl zu erhalten!

$(a+b)^2 + (a-b)^2 - (a+b)(a-b) =$

Als Andi sein Mail-Postfach öffnete, war tatsächlich elektronische Post von Ahmed dabei. Ein Blick auf das Sendedatum verriet ihm, dass Ahmed die Mail geschrieben haben musste, als Anne und er gerade bei Frosttemperaturen auf Verbrecherjagd gewesen waren.

„Schau mal, Anne. Der arme Ahmed muss wohl bis in die späten Abendstunden mit seinem Vater vor den Rechnungen für Tomaten, Salat und Gurken gesessen haben."

Keine Antwort. Andi drehte sich um, doch seine Freundin schlief seelenruhig und fest. Also öffnete er Ahmeds Mail und las:

„Hi, ihr zwei! Ich hoffe, ihr seid zumindest ein Stück mit dem Rätsel vorangekommen. Ich jedenfalls war auch nicht untätig. Denn die Mathearbeit hast du ja bestimmt vergessen. Und auch wenn Anne das nicht nötig hat, schlage ich vor, ich besuche euch morgen und wir lernen ein bisschen gemeinsam. Ich muss zugeben, so recht blicke ich da auch nicht mehr durch. Ich habe schon einmal den Übungszettel beigefügt. Kannst ihn ja ausdrucken. Bis morgen dann und hoffentlich könnt ihr mir Neuigkeiten berichten. Ahmed"

„Allerdings – und ob wir das können", murmelte Andi. Er konnte es noch immer nicht fassen, dass Markus Worm dunkle Machenschaften im Schilde führte. Und es würde ihn nicht wundern, wenn Anne Recht behalten sollte, und der zweite Mann tatsächlich Ernst Barsch war. Gemessen an ihrer Unfreundlichkeit, würden die beiden ein perfektes Gaunerpärchen abgeben. So viel stand fest. Und auch das Auto, das Andi beim Wegfahren beobachtet hatte, beunruhigte ihn noch immer. Es kam ihm zwar bekannt vor, doch eines stand fest: Dem Hausmeister des Euklid-Gymnasiums gehörte es nicht. Während Andi noch über die Herkunft des Kombis grübelte, öffnete er Ahmeds Dokument und druckte es aus. Schlafen konnte er sowieso noch nicht. So machte er sich an das erste Übungsblatt.

Übung 53: Die Aufgabe von Herrn von Kepler erweist sich wie immer als schwierig: Eine Weinbergsschnecke möchte eine 20 Meter hohe glatte Betonwand erklimmen. Dabei schafft sie pro Tag 4 Meter, nachts rutscht sie aber im Schlaf wieder 3 m zurück! Am wievielten Tag hat sie die Wand überwunden?

Der Rest des Tages war trostlos. Andi hatte das Baguette für seine Oma besorgt und sich dann gleich wieder in sein Zimmer verzogen. Insgeheim hatte er gehofft, Ahmed oder Anne würden es sich doch noch anders überlegen. Doch das war offensichtlich nicht der Fall. Also dachte er weiter über Otto Devinettes Rätsel nach. Der Enkel der Madame wollte ihm den Ort verraten, an dem ein Ersatzschlüssel für die alte Villa versteckt lag. Das stand zweifelsfrei fest. Aber was meinte er bloß mit den Worten „Thuja aus dem Orient"? Andi hatte keinen blassen Schimmer – und auch keine wirkliche Lust, das Rätsel weiter zu verfolgen. Er würde es nicht lösen können, zumindest nicht bis morgen um 18 Uhr. Und dann würden Ernst Barsch und Markus Worm den Kofferraum des Kombis vollladen und sich für immer und ewig aus dem Staub machen.

„Wenn die beiden endgültig verschwinden, hat die Sache wenigstens etwas Gutes.“ Der ansonsten frustrierte Junge konnte sich ein kleines Lachen dann doch nicht verkneifen. Die Lust auf seinen Geburtstag war ihm trotzdem gehörig vergangen. Also beschloss Andi, zeitig ins Bett zu gehen und eine seiner Cliff Barker-Geschichten zu lesen.

Als er am anderen Morgen aufwachte, roch er schon den Duft frischer, noch warmer Brötchen aus der Küche. Er schlich betrübt ins Bad, putzte sich die Zähne, zog sich unmotiviert an und wurde von Oma Melitta stürmisch mit einer Torte begrüßt, auf der 13 Kerzen leuchteten.

„Auspusten, mein Junge. Alles Gute zum Geburtstag!“

„Danke Oma“, sagte Andi. Insgeheim dachte er: Wenigstens einer, der an meinen Geburtstag denkt.

Dann machte er sich auf zur Schule.

An diesem Tag würdigte er Anne und Ahmed keines Blickes. Den vorsichtigen Annäherungsversuchen seiner beiden Freunde wich er aus, indem er sich auf dem Pausenhof lieber mit Jojo Hopper unterhielt. Die Stunden verstrichen und als endlich die letzte Schulglocke läutete, beeilte sich Andi, schnell den Bus zu erreichen, um so Anne und Ahmed endgültig aus dem Weg zu gehen.

Übung 54: Noch eine Aufgabe! Um die Lösungszahl zu erhalten, musst du die Koeffizienten der vier Teilterme miteinander multiplizieren! Beachte die Vorzeichen! Addiere zu dem Ergebnis die Zahl 46!

$(a - b)^3 =$

Das war also die Lösung. In Andi reifte ein Plan. Solange es noch hell war, würde er eh nicht nach dem Ersatzschlüssel für die alte Villa graben können. Außerdem würde er mit seiner Oma Kaffee trinken und Kuchen essen müssen. Doch vor dem Abendessen – da war er sicher – würde er sich unter einem Vorwand aus dem Haus schleichen können. Auch wenn Oma Melitta mit der Kräuterbutter warten müsste, die Sache war es wert. Dann konnte er ihr beweisen, dass Ernst Barsch und Markus Worm durchaus Diebe waren und ihm keiner einen Streich gespielt hatte. Schnell schaute er noch auf sein Handy. Der Akku war fast voll. Wenn er die beiden Diebe auf frischer Tat ertappte, wollte er auf Nummer sicher gehen und die Polizei rufen. Er musste nur vor 18 Uhr in der alten Villa sein und sich nach einem geeigneten Versteck umsehen.

Im Wohnzimmer hatte Frau Stock bereits alles gemütlich hergerichtet und die Erdbeertorte angeschnitten.

„Nun mach' doch mal ein freundlicheres Gesicht", forderte sie ihren Enkel auf, der stumm Stück für Stück der vorzüglich schmeckenden Torte in sich hineinschaufelte und gierig seinen Kakao herunterschlang. „Deine Eltern werden sicherlich ein tolles Geschenk mitbringen, wenn sie heimkehren", versuchte die alte Dame, Andi aufzumuntern. „Und mit Anne und Ahmed machen wir noch eine extra Party, wenn die beiden Zeit haben."

„Ja, sicherlich", entgegnete Andi knapp. Ein nervöser Blick auf die Uhr verriet ihm, dass es mittlerweile schon fast 17 Uhr war. Draußen war die Dunkelheit eingebrochen und die Zeit drängte.

„Ich muss noch einmal kurz an den Computer", log der Junge.

„Aber mach nicht so lange. Ich bereite schon einmal das Abendessen vor." Melitta Stock schöpfte nicht den geringsten Verdacht.

Gut so, dachte Andi, als er oben angekommen war, um gleich wieder aus dem Fenster die Regenrinne hinabzuklettern. Die Straße war menschenleer. Gerade erst hatte es aufgehört zu regnen. Das würde die Suche nach dem Schlüssel erleichtern. Andi hörte sein Herz laut pochen.

ÜBUNG 55 !

Übung 55: Andi erhält zu seinem Geburtstag natürlich viele Pralinenschachteln. Eine Pralinenschachtel wiegt 0,475 kg. Wie viele Pralinenschachteln sind in einer Kiste mit 16 kg enthalten, wenn die Kiste selbst 0,325 kg wiegt?

„Das sind ja tolle Neuigkeiten“, genüsslich nahm Ahmed einen Schluck von Oma Melittas vorzüglichem Kakao, den sie ihm gemacht hatte, als er durchgefroren und schwer beladen in Moorhoof angekommen war. „Damit sind unsere Hauptverdächtigen ja noch verdächtiger, als sie es schon vorher waren.“

„Ganz bestimmt. Und das Beste hätte ich ja fast vergessen: Am Mittwoch um 18 Uhr soll ein geheimes Treffen stattfinden. Die beiden feinen Herren waren sich natürlich sicher, dass keiner Wind von der Sache bekommen würde. Aber der A-Klub wird sie auf frischer Tat ertappen!“, frohlockte Andi.

„Was gibt es überhaupt bei dir Neues?“, fragte Anne in Richtung Ahmed. „Etwas herausgefunden?“

„Meist nur Belangloses.“ Ahmed machte eine Pause und der Rest des A-Klubs starrte ihn gespannt an. „Meist, bis auf einen Gästebucheintrag. Und der war unterschrieben von …“

„Jetzt sag’ nicht Otto Devinette!“ Andi war begeistert. Er hätte Ahmed umarmen können, als dieser seine Vermutung bestätigte.

„Hier, ich hab es euch ausgedruckt.“ Anne und Andi rissen ihrem Freund das Blatt Papier aus der Hand und lasen eifrig. Als sie fertig waren, schauten sie Ahmed fragend an.

„Fragt mich jetzt nicht, wer, was oder wo Trinity ist. Ich weiß auch nicht mehr als da steht. Keine Spur von einer E-Mail-Adresse oder sonstigen Hinweisen.“ Ahmed zuckte mit den Schultern. Ein wenig enttäuscht nahm Andi Ahmeds Notebook, um es an das Telefonnetz anzuschließen.

„Dann suchen wir eben zu dritt weiter.“ Während er dem Notebook zunächst einen liebevollen, dann doch eher energischen Klaps gab, stellte Andi enttäuscht fest: „Aber wohl nicht heute. Der Internetzugang streikt mal wieder.“

„Wer sagt denn, dass man nicht auch altmodisch recherchieren kann?“, fragte Anne neunmalklug.

„Wozu gibt es Büchereien – oder Buchhandlungen!“
Und Andi schwante schon, was da auf ihn zukam.

ÜBUNG 56 !

Übung 56: Nun sollst du (endliche und unendliche) Dezimalbrüche in gemeine Brüche umzuwandeln! Kürze, wenn möglich! Addiere alle Zähler und Nenner, um die Lösungszahl zu erhalten!

$0{,}5 =$

$0{,}875 =$

$0{,}\overline{7} =$

$0{,}\overline{003} =$

Ahmed hatte tatsächlich Feierabend. Allerdings eine Stunde später als geplant, denn in seiner Hast hatte er vergessen, die Einkäufe von Herrn von Kepler zu notieren. So dauerte der Kassensturz länger, weil er erst einmal herausfinden musste, worin der Fehler lag. Als Ahmed gerade das Buch mit den Ein- und Ausgaben geschlossen hatte, kam sein Vater hinzu.

„Alles erledigt, stimmt die Kasse?“

„Hmmm“, antwortete Ahmed auffällig bedrückt, was auch Murat Özdem nicht verborgen blieb.

„Ich weiß schon, du möchtest zu deinen Freunden“, sagte sein Vater nun warmherziger. Die Kasse stimmte, sein Sohn war fleißig gewesen – Murat Özdem sah keinen Grund, Ahmed nicht in die Einsteinallee zu entlassen.

„Und was ist mit der Mathematikarbeit?“

„Vater, ich habe gelernt und beherrsche alles. Wirklich. Mein Mathelehrer wollte mir mit seinem dummen Kommentar nur eins auswischen.“

„So sprichst du aber nicht über deine Lehrer“, mahnte Herr Özdem streng. „Aber gut, wollen wir dem Ganzen einmal Glauben schenken. Wann bist du heute Abend wieder da?“

„Öh“, stotterte Ahmed, „ich wollte eigentlich bei Andi übernachten.“ Dann kam ihm eine glänzende Idee: „Ich habe übrigens für uns einen Übungszettel angefertigt, den wir unbedingt heute noch durchgehen wollen.“ Das war natürlich glatt gelogen. Aber Ahmed wollte unbedingt vermeiden, seinem Vater auch nur ansatzweise etwas von Madame Devinette, ihrem Enkel Otto, dem Hausmeister Ernst Barsch oder dem unfreundlichen Markus Worm zu erzählen. Mehr noch als Frau Stock würde sein Vater die Geschichte für kompletten Unsinn halten. Schlimmstenfalls würde er ihm sogar den Umgang mit seinen Freunden verbieten.

„Dann zeig mal her.“ Der Ton in seines Vaters Stimme verriet Ahmed, dass der Plan funktioniert hatte. Er öffnete das Dokument mit dem Übungszettel und reichte seinem Vater das Notebook. „Das nehmt ihr gerade in Mathe durch? Da versteh’ ich ja gar nichts mehr!“ Murat Özdem warf dennoch einen äußerst zufriedenen Blick auf den Bildschirm.

Übung 57: Erneut erscheint auf dem Bildschirm ein Übungsblatt von Herrn von Kepler. Wandle die folgenden Brüche in Dezimalbrüche um und addiere die Dezimalbrüche, um die Lösungszahl zu erhalten!

$\frac{3}{10} =$ ______________________________

$\frac{3}{20}$ = ____________________

$\frac{5}{8}$ = ____________________

$\frac{45}{12}$ = ____________________

____

„Ja, ja, bestimmt zu viel Kakao getrunken, der Gute“, lächelte Oma Melitta Ahmed und Anne entgegen. „Ich wollte ihm eigentlich nur sagen, dass ich noch einmal fortgehe. Heute Abend wird im Pfarrhaus ein sehr interessanter Diavortrag über das Leben Martin Luthers vorgeführt. Ach, und schließt bitte alle Fenster. Dieses Novemberwetter ist wirklich unberechenbar.“

„Wir richten es ihm aus“, antworte Anne hastig. Doch sie hatte damit nicht verhindern können, dass Oma Melitta ihre Blicke durch das Zimmer und vor allem über den Fußboden schweifen ließ. Die beiden Freunde befürchteten schon, dass Frau Stock sich wieder äußerst negativ über ihre Ermittlungen äußern würde, doch sie täuschten sich.

„Gut so“, nickte die alte Dame mit dem Kopf, als sie sich nach und nach alle drei Blatt Papier durchgelesen hatte. „Das ist der richtige Weg. Sucht lieber diesen Otto Devinette, als Ernst Barsch oder Markus Worm hinterher zu spionieren. Das war ohnehin eine Schnapsidee. Ich glaube ja nach wie vor, dass euch da jemand einen Streich spielen will.“

„Das wollen wir nicht hoffen“, stöhnte Ahmed, „wir haben schon jede Menge Zeit für die Recherchen aufgewendet. Leider funktioniert das Internet bei Ihnen nicht, sonst wären wir sicherlich schon einen Schritt weiter.“ Frau Stock, die sich immer noch nicht abwimmeln ließ, kroch auf einmal unter Andis Schreibtisch. Erstaunt stellten Anne und Ahmed fest, wie beweglich die Dame trotz ihres stolzen Alters war.

„Na, kein Wunder.“ Sie krabbelte unter dem Schreibtisch hervor. „Ich hab doch gestern gründlich aufgeräumt. Und da habe ich ganz vergessen, diesen kleinen Stecker wieder einzustöpseln. Hat der etwas mit diesem Intranetz zu tun?“

„Internet“, verbesserte Ahmed sie höflich. „Und ja, ganz gewiss. Jetzt kann der A-Klub seine Arbeit fortsetzen!“, jubilierte er.

„Der A-was?“ Frau Stock schaute nervös auf die Uhr.

Übung 58: Andi befindet sich zwischenzeitlich auf der Heimfahrt. Leider ist er noch zu jung, aber er träumt von einem Mofa! Erst letzte Woche hat er eine Anzeige in der Zeitung gelesen! Der Preis für das Mofa betrug ursprünglich 1000 €! Leider verteuert es sich um 10 %! Der Verkäufer gewährt aber einen Rabatt von 10 %. Was kostet das Mofa letztendlich?

„Mist“, fluchte Andi, als er und Anne sich auf ihren Rädern in Richtung Moorhof machten. „Wäre ja auch zu schön gewesen, wenn ein Plan auch tatsächlich einmal funktionieren würde.“

„Aufgehoben ist nicht aufgehoben. Immerhin darf ich ja heute Nacht bei dir bleiben. Und mit Ahmed chatten wir später.“

Genau, das gute Internet. Das hatte Andi ganz vergessen. Sein Gesicht hellte sich wieder etwas auf – um gleich erneut zu versteinern.

„Hast du eine Ahnung. Die Verbindung hakte in den letzten Tagen ganz fürchterlich. Aber ein Versuch wäre es allemal wert."
Stumm fuhren sie die letzten Meter bis nach Moorhof, bevor sie in die Einsteinallee bogen. Sowohl Andis als auch Annes Blick wanderte direkt auf das alte Haus mit der Nummer 16.
„Alles dunkel", stellte Andi enttäuscht fest.
„Was hast du erwartet? Dass Madame Devinette und ihre Freundinnen so spät noch Kaffeekränzchen halten?" fragte Anne ihn aufmunternd. „Was ist denn los mit dir?"
„Wieso?", säuselte Andi. Doch insgeheim wusste er ganz genau, dass man Anne nichts vormachen konnte.
„Jetzt komm' schon. Es stimmt doch etwas nicht", forderte sie Andi energisch zu einer Antwort auf.
„Weißt du, ich habe die Befürchtung, dass wir diesem Rätsel nicht gewachsen sind", gab er kleinlaut zu. „Und außerdem: Wieso schreibt Madame Devinette gerade mir – Verzeihung: uns. Da ist doch was faul an der Sache."
„Nun beruhige dich wieder. Zusammen packen wir das schon … wirst schon sehen." Anne redete auf ihren Freund ein, während dieser die Haustür aufschloss. Und damit waren Andis Sorgen vorerst verflogen, denn die beiden wurden geradezu überschwänglich von Andis Oma begrüßt:
„Oha, wir haben Gäste! Du hättest ja ruhig etwas sagen können. Komm' doch herein, Anne. Wie geht es dir denn?"

ÜBUNG 59 !

Übung 59: Natürlich bietet Oma Melitta Anne sofort einen Tee an und stellt eine neue Packung Würfelzucker auf den Tisch! Die Aufschrift verkündet, dass 165 Stückchen Würfelzucker in der Packung enthalten sind! Wie viele liegen jeweils hintereinander, nebeneinander und übereinander? Berechne die Summe der 3 Zahlen, so erhältst du die Lösungszahl!

Aufgeregt radelte Ahmed in Richtung Moorhof. Sein Notebook hatte er sicherheitshalber mitgenommen, weswegen er einen schweren Rucksack auf dem Rücken trug. Mittlerweile dämmerte es schon und Ahmed trat in die Pedale.

Keuchend überlegte er, mit welchem Detail er beginnen sollte, wenn er dem Rest des A-Klubs seinen Bericht ablieferte. Die Suchmaschine im Internet hatte einfach zu viele Ergebnisse geliefert, die den Begriff „Devinette“ enthielten. Also hatte Ahmed seinen Plan etwas modifiziert und ergänzend „+Otto“ eingegeben. Noch immer hatte das Internet zahllose Links ausgespuckt, von denen die ersten 24 aber auch rein gar nichts Nennenswertes zu Tage gebracht hatten. Ungeduldig hatte er die Seiten eines Gästebuchs durchgeblättert, denn irgendwo musste schließlich einer der beiden gesuchten Begriffe stecken. Dann hatte Ahmed der Atem gestockt. Er hatte tatsächlich einen Eintrag gefunden, der mit dem Namen Otto Devinette unterschrieben war. Hastig hatte er murmelnd vorgelesen:

„Hallo Charles,

Eine tolle Seite hast du da ins Netz gestellt! Wie schaut es aus? Treffen wir uns am Freitag? Trinity macht doch den besten Kaffee weit und breit im Land des Ale, das mir immer noch nicht so recht schmecken mag. Meine Nummer hast du ja, melde dich."

Obwohl Gästebücher dieser Art für gewöhnlich die Möglichkeit boten, eine eigene Homepage, E-Mail-Adresse oder zumindest einen Ort anzugeben, war Otto Devinette sparsam gewesen. Lediglich unter dem Eintrag Ort tauchte noch einmal der mysteriöse Name „Trinity" auf.

! ÜBUNG 60

Übung 60: Auf der zweiten Seite des neuen Übungsblattes erscheinen sehr komische Brüche! Versuche sie in periodische Brüche umzuwandeln und addiere die Nachkommastellen!

$\frac{1}{3}$ = ____________________

$\frac{4}{7}$ = ____________________

$\frac{2}{9}$ = ____________________

$\frac{13}{99}$ = ____________________

Als der Abend anbrach, war der strahlend blaue Himmel verschwunden. Dunkle Wolken zogen auf und auf einmal regnete es wie aus Kübeln. Andi saß in seinem Zimmer und um ihn herum stapelten sich Lexika und andere Bücher. Den ganzen Nachmittag hatte er damit verbracht, dem Rätsel, das Madame Devinette ihm aufgegeben hatte, auf die Spur zu kommen. Doch so sehr sich Andi auch den Kopf zerbrach – ihm kam einfach keine rettende Idee. Okay, die Formel hatte er bereits ausgerechnet: 221 lautete die Lösung, sofern er sich nicht vertan hatte. Aber was sollte diese Ziffer bedeuten? Und was war mit dem Rest?

„Ein gelber Kasten", rätselte er, „soviel ist klar. Aber was meint die Madame nur mit den hastenden Bediensteten?" Langsam aber sicher kam Ärger in Andi auf und verdrängte seine Neugierde. „Und von wessen Vorbild spricht sie? Meines kann sie ja wohl kaum meinen." Wutschnaubend schüttelte er den Kopf. „Denn woher soll sie wissen, wer mein Vorbild ist, die feine Madame?" Zum hundertsten Mal schaute er auf den Brief, dann legte er ihn beiseite.

Es war an der Zeit, seinem Freund Ahmed im Internet-Messenger einen Besuch abzustatten. Vielleicht wusste der ja Rat. Andi schaltete seinen Computer ein und drückte den Knopf für die Internet-Verbindung. Nichts rührte sich.

„Das darf doch nicht wahr sein!" Seine Wut stieg. Der Junge probierte es noch einmal. Wieder nichts. Er hatte keine Verbindung zum weltweiten Datennetz und damit auch nicht zu Ahmed. Einen Moment lang überlegte er, sich sein Fahrrad zu schnappen und sich auf den Weg nach Burgenhausen zu machen. Doch ein Blick aus dem Fenster zeigte Andi schnell, dass aus diesem Plan nichts werden würde.

„Bis ich da angekommen bin, kann man mich gleich zum Abtropfen an die Wäscheleine hängen", schnaubte er. Es hatte keinen

Zweck. Er musste sich wohl oder übel bis zum anderen Morgen gedulden, ehe er Ahmed den Brief zeigen konnte. Vorsichtshalber steckte er das Blatt mit den Zeilen von Madame Devinette zwischen sein Matheheft. So würde er ihn gewiss nicht vergessen.

ÜBUNG 61 !

Übung 61: Dabei fallen ihm die Aufgaben ein, die er auf dem Heimweg im Bus gelöst hatte. Hier die erste Aufgabe: Addiere die Summe der Zahlen 278 und 943 zur Differenz der Zahlen 208 und 179!

Als Andi und Anne wieder die gegenüberliegende Seite der Straße erreicht hatten, flüsterte Andi Anne zu: „So leicht kommen die uns nicht davon.“ Anne schaute etwas irritiert, begriff jedoch gleich, was ihr Freund ausheckte.

„Du willst doch nicht ernsthaft noch einmal in den Garten? Einmal erwischt zu werden, reicht dir wohl nicht?“

„Nun ja, wir müssen ja nicht direkt in den Garten. Und wer sagt denn, dass wir uns noch einmal so überraschen lassen. Es konnte ja keiner ahnen, dass Markus Worm ausgerechnet auftauchen würde, während wir gerade mitten in den Ermittlungsarbeiten vor Ort stecken.“ Anne guckte ihn skeptisch an.

„Und wie willst du dieses Mal vorgehen?“

„Wir schleichen uns in den Garten von Haus Nummer 14. Da wohnen die Körners. Samstags sind sie aber immer auf dem Markt. Von daher ist die Luft rein. Und von da aus können wir ungestört einen Blick in Haus und Garten von Madame Devinette werfen.“

Der Plan hatte Hand und Fuß. Andi bereute es jetzt, dass er nicht eher auf diese Idee gekommen war. Denn schließlich ist der Samstagstermin der Körners so sicher, wie der Fußball-Spielplan der Bundesliga. Also achteten die beiden Freunde darauf, auf dem erneuten Weg über die Straße nicht entdeckt zu werden. Alles ging glatt und nur wenige Augenblicke später fanden sie sich im Garten der Körners wieder. Ein idealer Platz für Observationen, musste Anne schnell feststellen. Dem Hang von Familie Körner, einen biologisch korrekten Anbau zu betreiben, konnten die beiden es verdanken, hinter all den wuchernden Sträuchern, Gräsern und Bäumen unerkannt zu bleiben.

„Psst." Andi legte den Finger auf seine Lippen und deutete mit einer schnellen Kopfbewegung nach drüben. Sie schienen gerade noch rechtzeitig gekommen zu sein. Denn da standen Ernst Barsch und Markus Worm, die sich offensichtlich miteinander stritten:

„Wenn Sie so weitermachen, fliegt die ganze Sache noch auf", fauchte Herr Barsch Markus Worm wirsch an.

Übung 62: Berechne die Ergebnisse der beiden folgenden Aufgaben und bilde die Quersumme der beiden Ergebnisse. Addiere zu diesem Wert die Zahl 6, um die Lösungszahl zu erhalten!

ÜBUNG 62 !

$0{,}004 \cdot 0{,}002 =$ ____________________

$1{,}205 \cdot 0{,}2 =$ ____________________

„Bis gerade war die Luft ja auch rein", flüsterte Markus Worm hektisch und ärgerlich zugleich: „Du hättest nur pünktlich sein müssen, ich hätte den Schlüssel umgedreht und wir wären gänzlich ungestört gewesen." Nervös wanderte Worms Blick immer wieder zu den Regalreihen hinter ihm. Aber Andi hatte seinen Platz gewechselt und hielt am Regal mit der Krimilektüre Deckung. So konnte Worm ihn nicht entdecken. „Komm eben später wieder", forderte Worm den Hausmeister des Euklid-Gymnasiums auf.

Andi fragte sich, wie er die Situation bewältigen sollte. Sollte er still halten oder versuchen, irgendwie aus dem Laden herauszukommen? Was sollte er tun, wenn die beiden Hauptverdächtigen in seinem ersten Fall, dem Rätsel um die alte Villa von Madame Devinette, ihn übermannten und kidnappten? Anne und Ahmed traute er so allerhand zu. Aber ihn aus den Fängen zweier gestandener Männer zu befreien? Insgeheim sah sich Andi schon geknebelt und gefesselt im Kofferraum des alten Kombis, den Anne und er in der Nacht zuvor davonrasen gesehen hatten. Sie würden ihn vielleicht im Wald verscharren oder sich sonst irgendein schlimmes Schicksal für ihn ausdenken. Vom Geld, das sie durch die Kostbarkeiten aus der Villa bekämen, würden sich Markus Worm und Ernst Barsch schließlich ins Ausland absetzen und sich längst aus dem Staub gemacht haben, wenn die Polizei ihre Fährte endlich aufgenommen hätte.

Doch all diese trüben Gedanken konnten Andis inneren Drang nicht schwächen. Im Gegenteil – ein Meisterdetektiv muss bisweilen eben mutig Flagge zeigen. Und nun war es an der Zeit dafür. Der Junge nahm all seinen Mut zusammen, griff noch schnell nach einem Buch und verließ sein Versteck zwischen den Regalen.

„Ich habe, was ich brauche." Lässig deutete er auf den dicken Schmöker unter seinem Am. Markus Worm und Ernst Barsch standen erstarrt wie Salzsäulen da, als Andi die Buchhandlung verließ.

Übung 63: Andis Taschengeld wird um 7,5 % erhöht! Dadurch erhält er 6 € pro Monat mehr! Berechne sein neues Taschengeld pro Monat! Multipliziere das Ergebnis mit 2, um die Lösungszahl zu erhalten!

„Das ergibt keinen Sinn“, fluchte das Mädchen leise vor sich hin. Fast eine Stunde lang hatte Anne nun allerlei Rechnereien auf den Zettel geschmiert. Andi hatte längst den Überblick verloren, traute sich aber nicht, Anne mit irgendwelchen klugen Ratschlägen zu unterbrechen. Auf einmal begann das Mädchen, sich nervös die Nasenspitze zu reiben. Wieder kritzelte sie etwas auf den Zettel, der längst hoffnungslos überfüllt war. Dieses Mal aber waren es Buchstaben statt Ziffern. Neugierig versuchte Andi, einen Blick zu erhaschen. Sie schreibt das Alphabet auf, dachte er lautlos vor sich hin – da durchfuhr es ihn durch alle Glieder.

„Ich hab’s!“, schrie Anne.

„Was? Ich sehe das Alphabet auf deinem Zettel. Nicht mehr.“

„Aber auch nicht weniger, du Dummerchen. 15, 20, 20, 15. Das ist die Lösung! Das war alles!“ Andi verstand immer noch Bahnhof.

„Geht das auch ein wenig genauer?“

„Der 15. Buchstabe im Alphabet ist das ‚O‘. Der 20. ist ein ‚T‘. Und was kommt raus?“

„Oh, Mann – Otto. Sensationell!“ Andi wollte gerade zu einer neuen Lobeshymne ansetzen, stutzte dann aber. „Und der Nachname? Ich meine, Otto, sofern er so heißt, ist Madame Devinettes Enkel. Aber wenn er der Sohn von Madame Devinettes Tochter ist, müsste er eigentlich einen anderen Nachnamen haben.“

„Mmmh, da hast du gar nicht mal so Unrecht“, gab Anne zu. „Oder aber Ottos Mutter hat nie geheiratet. Oder er hat diesen schönen französischen Namen als eine Art Künstlernamen behalten.“

„Das wäre natürlich möglich", räumte Andi ein.

„Es muss einfach so sein, Andi. Überleg doch mal: Nirgendwo sonst stecken weitere versteckte Hinweise auf ihren Enkel. Wir müssen Otto Devinette ausfindig machen. Jede Wette!"

Anne wurde von einem lauten Gähnen unterbrochen.

„Bestimmt. Aber für heute langt es, oder? Ich bin auf einmal sehr müde."

„Du hast Recht."

Andi ließ Anne in seinem Bett schlafen, während er es sich in seinem Schlafsack auf dem Sofa gemütlich machte. Er war schnell eingeschlafen, schlief aber unruhig und träumte von jeder Menge Buchstaben und Zahlen.

Übung 64: Andi hat einen seltsamen Traum! Er träumt davon, dass er und seine beiden Freunde versuchen, Buchstaben zu fangen. Am Ende haben alle zusammen 27 Buchstaben gefangen! Andi hat 3 Buchstaben mehr als Ahmed und Anne zusammen gefangen. Anne hat 6 Buchstaben mehr als Ahmed gefangen. Wie viele Buchstaben hat Andi gefangen?

Während Ahmed die Gartentür öffnete und das Grundstück verließ, rief Andi ihm hinterher:

„Wie sieht es denn mit heute Abend aus? Meine Oma hat sicher nichts dagegen, wenn du heute Nacht auch noch hier schläfst."

„Ich glaube, mein Vater hat sich wieder beruhigt. Das könnte klappen. Ich melde mich noch, Chefinspektor“, lachte Ahmed.
„Okay. Bis später.“ Bevor Andi die Haustür schloss, ließ er seinen Blick an Haus Nummer 16 entlang schweifen. Doch keine Spur von Hausmeister Barsch.
Als er wieder oben angekommen war, schrieb Anne bereits fleißig Notizen in ihren College-Block.
„Schau her!“ Sie deutete auf das vorderste Blatt Papier. „Ich habe erst einmal alle Personen, die an dieser Geschichte irgendwie beteiligt sind oder uns weiterhelfen könnten, notiert. Die Verdächtigen Ernst Barsch und Markus Worm, Katrin Seidenstickerl als Informantin. Fällt dir noch jemand ein?“
„Unbedingt. Otto Devinette. Der würde uns nicht nur weiterhelfen, der würde den Fall wahrscheinlich lösen“, stöhnte Andi und blickte auf die Adressen und Telefonnummern. „Ist ja interessant!“ Er wurde auf einmal aufmerksam.
„Was denn? Habe ich mich verschrieben?“, stutzte Anne.
„Nein, aber schau dir mal die Adressen an. Gimpelweg und Amselstraße. Barsch und Worm sind fast Nachbarn. Da ist es nicht verwunderlich, dass die beiden ein Auto für den gemeinsamen Nachhauseweg nutzen. Ein erstes Indiz.“ Andi sah ihre Annahme, dass die beiden Hauptverdächtigen gestern Nacht gemeinsam im Kombi geflüchtet waren, bestätigt. „Dann wollen wir!“
Anne wusste sofort, was damit gemeint war. Der A-Klub, zumindest zwei Drittel von ihm, hatte seinen ersten Auftrag. Und um diesen gewissenhaft nachzugehen, stand die Observation von Ernst Barsch auf dem Programm. Als die beiden die Treppe nach unten gingen, war es im Haus mucksmäuschenstill. Oma Melitta war nicht mehr da, hatte aber eine Nachricht hinterlassen.
„Die Blumen brauchen Wasser!“
„Hilfst du mir schnell?“, fragte Andi.

ÜBUNG 65 !

Übung 65: Vivien nimmt zuerst $\frac{3}{5}$ des Geldbetrages aus der Klassenkasse und dann $\frac{1}{4}$ des Restes. Es verbleiben 12 € in der Kasse. Wie viel war ursprünglich in der Kasse?

Der Schulbus fuhr seinen Weg durch Burgenhausen und erreichte schließlich die Tore des kleinen Vorortes Moorhof. Traurig schaute Andi durch die Fensterscheibe auf die Gärten, an denen sie vorbeifuhren. An einem 22. November durfte man nicht zu viel an Pflanzenpracht erwarten.

Dafür sehen diese, wie hießen sie noch gleich, ach ja, morgenländische Lebensbäume, doch eigentlich ganz beachtlich aus, dachte er bei sich. Das Morgenland, der Orient – von dort hatten aus ihm seine Eltern eine imposante Karte geschickt, die das National-Museum Bahrain als Motiv hatte. Und heute, an seinem Geburtstag, tingelten sie einfach weiter in der Weltgeschichte herum.

„Sollen sie doch mit einem fliegenden Teppich den ganzen Orient bereisen“, zischte Andi. „Moment!“, Andis Stimme wurde lauter. „Lebensbäume aus dem Morgenland? Wie hieß noch einmal die Zeile in Ottos Devinettes Rätsel?“

Ja sicher, dachte er jetzt wieder stumm, da stand doch etwas vom Orient. Mit einem mächtigen Ruck hielt der Schulbus.

Aufgeregt sprang Andi heraus und hatte es auf einmal sehr eilig. Er rannte in Windeseile nach Hause, riss die Haustür auf und stürmte an seinen Computer.

„Komme gleich", rief er Oma Melitta zu und lief an ihr vorbei. Keine neue E-Mail? Auch egal. Der Junge wusste, dass er kurz vor der Auflösung seines ersten Falles stand. Seine Freunde konnten ihm gestohlen bleiben. Er, Andreas Blum, der weltbekannte Meisterdetektiv würde diesen Fall lösen. Und wenn nötig auch ohne fremde Hilfe. In die Suchmaschine tippte er das Wort „Lebensbäume" ein und klickte dann schnell auf einen der Links, der auf der Liste auftauchte. Da stand es schwarz auf weiß: „Morgenländischer Lebensbaum – Thuja orientalis"!

Übung 66: Andi kam gerade ein Gedankenblitz! War dieser so schnell wie ein Lichtstrahl? Licht bewegt sich mit einer Geschwindigkeit von fast 300 000 m/s durch das Weltall. Wie weit kommt also ein solcher „Lichtblitz" in einer Stunde?

„Soll ich lieber?" Anne beobachtete den leichenblassen Andi.
„Es geht schon", krächzte dieser, als er den Brief aufriss, der im Postfach Nummer 221 gelegen hatte. Er faltete das vergilbte Blatt Papier auseinander, während Ahmed und Anne ihm dabei über die Schulter sahen. Dann las er seinen Freunden die Zeilen vor:
„Meine lieben Freunde, wenn ich das so sagen darf, denn ich bin mir sicher, dass du lieber Andreas, Herrn Özdem und Fräulein Ramasuri zu Rat gezogen hast."
„Wie Recht die gute Frau doch hat", schmunzelte Anne, während Andi fortfuhr:

„Große Sorgen Plagen mich,
mein altes Haus dazu,
habt Acht vor einem Bösewicht,
Eintritt sich schafft im Nu.
Er und sein grimmig Kompagnon,
will alle Kostbarkeiten.
Nur meiner lieben Tochter Sohn,
stoppt die Besessenheiten."

„Dass sie aber auch immer in Reimen sprechen muss", klagte Andi.
„In Reimen? Für mich spricht sie eher in Rätseln", staunte Ahmed.
„Da steht doch noch etwas", warf Anne ein. „Lies weiter".
„Nun, meine Freunde. Ich hoffe, ich bin eurer Hilfe gewiss und schließe für heute, aber nicht ohne euer Wissen auf die Probe zu stellen. Löst den Reim und diese Aufgabe – und dann kann mir hoffentlich geholfen werden. Herzlichst, Ihre Madame Devinette."
Wie schon ihr erster Brief an Andi endete auch dieser mit einer Formel, doch dieses Mal waren es gleich vier davon.

ÜBUNG 67 !

Übung 67: Hier siehst du die vier Aufgaben, die Andi im zweiten Brief von Madame Devinette gefunden hat. Setze die Zahlen der ersten und der zweiten Lösung sowie der dritten und vierten Lösung direkt zusammen, sie ergeben die zwei Lösungszahlen!

$(-3) \cdot (-5) =$ ____________________

$(100 : (-4) + 45) =$ ____________________

$(-17) - (-37) =$ ____________________

$(-4 - 5 - 6) \cdot (-1) =$ ____________________

____

Der Wecker rasselte gnadenlos und riss Andi aus dem Schlaf. Es dauerte eine Weile, bis sich der Junge im Klaren war, wo er sich befand. Nämlich in seinem Bett und nicht zur Privatstunde bei seinem Mathelehrer in irgendeinem verlassenen Haus.
„Wenn es denn überhaupt noch verlassen ist“, murmelte Andi vor sich hin, als er ins Bad stapfte und sich anzog. Denn die Schatten und die Taschenlampenlichter, die er beobachtet hatte, waren kein Traum gewesen. Die hatte er leibhaftig gesehen.
Ohne großes „Hallo“ begrüßte Andi seinen Freund Ahmed auf dem Pausenhof und begann gleich von seinen Beobachtungen zu erzählen.
„Du glaubst gar nicht, was gestern passiert ist.“
„Das heißt: Guten Morgen“, knurrte das Mädchen, das die ganze Zeit neben Ahmed gestanden hatte.
„Äh, ja, Morgen Anne“, entgegnete Andi ihr fast nebensächlich, während sich die drei auf den Weg zum Klassenzimmer machten.
Anne Ramasuri war eine Mitschülerin der beiden Jungen und gleichzeitig die Klassensprecherin der 7b. Obwohl Anne – ganz im Gegensatz zu Andi und Ahmed – gerne jedes Referat über die noch so langweiligsten Themen übernahm, mochten die zwei Jungs das Mädchen mit dem von Sommersprossen übersäten Gesicht gerne. Über die Tatsache, dass Anne sie gerne und immer wieder zu mehr Sorgfalt bei den Hausaufgaben hinwies, sahen Andi und Ahmed freundlich hinweg. Denn Anne hatte ihnen schon oft aus so mancher Patsche geholfen. Wenn es darauf ankam, konnten sich die zwei Freunde auf sie verlassen.
„Nun hört endlich auf mit eurer ständigen Streiterei.“ Ahmed war die Sticheleien zwischen Anne und Andi lanmgsam leid. „Erzähl schon, was gibt es so Spannendes?“
„Pass auf.“ Andi wollte gerade beginnen, als er jäh unterbrochen wurde.

„Ruhe, Herrschaften. Die Pflicht ruft.“ Herr von Kepler bat zur Mathestunde und irgendwie erinnerte Andi das alles an seinen Traum, während sein Lehrer die erste Aufgabe an die Tafel schrieb.

! ÜBUNG 68

Übung 68: Andi schreibt folgende Rechnung von der Tafel ab. Ergänze die fehlenden Ziffern und das richtige Rechenzeichen. Addiere die zu ergänzenden Zahlen, um die Lösungszahl zu erhalten!

$$
\begin{array}{cr}
 & 6\,?\,3\,7 \\
\underline{\quad ?} & \underline{2\,8\,4\,?} \\
 & 3\,1\,?\,4
\end{array}
$$

Drei Minuten lang harrten die beiden Freunde aus. Keiner rührte sich auch nur einen Millimeter. Sie hatten Angst, einer der vielen Äste auf dem Boden könnte nachgeben und unter lautem Ächzen ihre Anwesenheit verraten. Dann fasste sich Andi ein Herz. Vorsichtig tapste er vier Schritte bis zur Hausecke und streckte seinen Kopf vorsichtig herum. Nichts zu sehen. Dann knallte von irgendwoher eine Autotür und ein Motor wurde angeschmissen. Gerade noch erkannte Andi einen Kombi unter dem Licht der Straßenlaterne, der in der Nacht verschwand.

Die Frage war, wem gehörte das Auto. Markus Worm jedenfalls nicht. Der fuhr nur Fahrrad und beklagte sich immer, dass er sich bei dem Hungerlohn, den Andis Vater ihm zahlte, noch nicht mal einen Liter Benzin leisten könnte. Andi kam der Wagen bekannt vor, doch es wollte ihm partout nicht einfallen, wo er den Kombi schon einmal gesehen hatte.

„Ich glaube, sie sind weg“, murmelte er zu Anne herüber, die immer noch stocksteif da stand. Ihre Lippen waren blau angelaufen und erst jetzt bemerkte Andi, dass sie am ganzen Leib zitterte.

„Komm ins Haus. Du bist ja ganz durchgefroren.“ Er zog sie vorsichtig zur anderen Straßenseite hinüber. Wenn sich noch jemand im Haus befand, sollte der sie auf keinen Fall bemerken. Nun spürte Andi, dass auch seine Fuß- und Handgelenke von Kälte schmerzten. Noch ein paar Schritte und sie würden sich wieder in warmer und sicherer Umgebung befinden.

„Ich mach dir einen Tee. Oder magst du lieber Kakao?“, fragte Andi.

„Kakao.“

Andi stutzte. Das war nicht Annes Stimme, die da antwortete.

„Der ist heiß und schon fertig.“ Oma Melitta stand im Türrahmen. Bei Dunkelheit gab sie eine imposante Gestalt ab. „Aber den gibt es erst, wenn ihr mir verraten habt, was zum Dreiteufelsnamen ihr mitten in der Nacht da draußen treibt.“

Übung 69: Auf dem Grundstück der alten Villa stehen auch wunderschöne Apfelbäume. Leider sind aber schon 21 Apfelbäume abgestorben. Das sind $\frac{3}{4}$ des gesamten Bestandes. Wie viele Apfelbäume sind das?

ÜBUNG 69 !

Die drei Freunde jubelten so laut, dass sie nicht gehört hatten, wie Oma Melitta nach Hause gekommen war.

„Was ist denn hier los?“, fragte sie, als sie die Tür zu Andis Zimmer öffnete. Andi nahm seine Oma glückselig in den Arm.

„Wir haben Otto Devinette gefunden. Von wegen, uns spielt jemand einen Streich.“ Frau Stock schaute ihn mit großen Augen an und ließ sich dann von Ahmed die Homepage der Trinity Universität zeigen.

„Kinder, Kinder. Aber wartet doch erst einmal ab, ob das auch der Otto ist, nachdem ihr sucht.“ Doch ihr Enkel wollte sich die Laune nicht verderben lassen.

„Ganz gewiss ist er das. Solch ein ungewöhnlicher Name. Ich wette, der ist auf der ganzen Welt einzigartig. Und jetzt werden wir auch Barsch und Worm überführen!“, jubelte Andi.

„Hört das noch immer nicht auf mit den …“, wollte Oma Melitta ihren Enkel gerade ermahnen, als es aus diesem heraussprudelte: „Was machen die beiden dann an einem Samstagabend nach Ladenschluss in unserer Buchhandlung?“ Anne und Ahmed sahen sich entsetzt an. Oma Melitta war zwar eine Dame in höherem Alter, doch auf den Kopf gefallen war sie gewiss nicht.

„Und was machst du um diese Zeit in der Buchhandlung? Hast du die Toilette gesucht?“ Andi verstand nur Bahnhof, als Melitta Stock Anne und Ahmed einen enttäuschten Blick zu warf.

„Wir sprechen uns noch, Andreas“, sagte sie leise und schloss die Tür. In Andis Zimmer war die Stimmung nun sehr gedämpft.

„Wenn sie so leise spricht, ist das die Ruhe vor dem Sturm, das kann ich euch sagen.“ Andi wusste, dass der Haussegen schief hing. „Ich schlage vor, wir schreiben Otto Devinette jetzt eine E-Mail, sofern es dort eine Adresse von ihm gibt, und legen uns dann gleich schlafen. Vielleicht können wir mit einem schönen Sonntagsfrühstück etwas gut machen.“

! ÜBUNG 70

Übung 70: Andi kommt auf dem Heimweg an einem Imbiss vorbei! Drei Portion Pommes kostet 6,60 €. Was kosten 5 Portionen?

Andi fiel es meist sehr schwer, sich montags Morgen aus dem Bett zu quälen. In diesem speziellen Fall lag die Sache aber anders. Oma Melitta fiel schon beim Frühstück auf, wie vergnügt ihr Enkel den Wochenbeginn in Angriff nahm. Auch eine Doppelstunde Deutsch mit Johanna Wahrig konnte Andis Tatendrang nicht stoppen. In der Pause nahm Ahmed ihn beiseite:

„Was ist denn mit dir los?“, wollte sein Freund wissen.

„Ach, ich habe einfach ein gutes Gefühl“, meinte Andi. „Wir sind nicht mehr weit vor der Aufklärung des Falles entfernt. Da bin ich mir sicher.“ Noch ahnte er nicht, dass sich seine Laune nach Schulschluss rapide ändern sollte. „Ich melde mich später im Messenger“, verkündet er vergnügt, ehe der Schulbus vorgefahren war.

An der Haustür angekommen, warf er den obligatorischen Blick zur alten Villa hinüber, die aber ruhig und verlassen da stand. Dann nahm ihn seine Oma in Empfang.

„Post für dich, mein Junge.“ Sie wedelte mit dem Umschlag vor seiner Nase.

Doch nicht etwa von Otto Devinette, dachte Andi aufgeregt, doch das konnte nicht sein. So schnell wäre keine Post der Welt und außerdem hatte er gestern in der E-Mail ganz vergessen, seine vollständige Postadresse zu nennen. Ein Blick auf die Rückseite verriet ihm, dass der Brief von seinen Eltern war. Er riss das Kuvert auf und las:

„Mein lieber Andreas, leider müssen wir dir mitteilen, dass wir nicht pünktlich zu deinem Geburtstag zu Hause sein werden. Habe trotzdem einen schönen Tag. Alles Liebe, deine Eltern.“

Sein Geburtstag! Den hatte er ja ganz vergessen. Übermorgen würde er 13 Jahre alt werden. Na toll, dachte Andi, und meine Eltern halten es nicht für nötig, vorbeizuschauen. Betrübt ging er nach oben in sein Zimmer.

! ÜBUNG 71

Übung 71: Die Eltern von Andi verbringen einige Tage auf einer Hochseejacht. Der Vorrat der Jacht reicht für die anwesenden 16 Personen für 62 Tage. Nach 14 Tagen steigen 4 Personen in einem Hafen aus. Nach weiteren 15 Tagen gehen aber 9 weitere Urlauber an Bord. Für wie viele Tage reicht der Essensvorrat insgesamt?

Als Andi sich sicher war, dass man ihn durch das große Schaufenster des Buchladens nicht mehr beobachten konnte, nahm die

Geschwindigkeit seiner Schritte zu. Zuvor hatte der Junge die Buchhandlung fast lässig verlassen und war an den ungläubig staunenden Männern vorbei geschlendert. Die beiden hatten ein Gesicht gemacht, als wenn ihnen der Weihnachtsmann begegnet wäre.
Nun, da die Luft scheinbar rein war, zitterten Andi doch ein wenig die Knie. Erschrocken überlegte er, was alles hätte passieren können. Trotzdem freute er sich schon, Anne und Ahmed von den Ereignissen Bericht zu erstatten. Die beiden würden den Chefdetektiv des A-Klubs ganz bestimmt mit Lobeshymnen überschütten. Die Sache hatte nur einen klitzekleinen Haken: Über eine gewisse Trinity hatte er nichts herausfinden können. Vielleicht hätte es nur eines Blickes in eines der zahlreichen Lexika bedurft und die Sache wäre geklärt gewesen. Überrascht von der Anwesenheit Markus Worms war Andi auf die Schnelle aber keine bessere Ausrede eingefallen, als einen Reiseführer über Indien zu verlangen. Nun ärgerte sich der Junge und trat kräftig in die Pedale, um möglichst schnell wieder in Moorhof anzukommen. Jede Minute zählte, schließlich kannte er seine Oma. Einer von Frau Stocks Schwächen war es nun einmal, äußerst neugierig zu sein. Bestimmt hatte sie schon einen Versuch unternommen, nach dem Rechten zu schauen. Andi hoffte, dass seinen beiden Freunden die passende Ausrede eingefallen war. Um sich nicht mit diesem Szenario beschäftigen zu müssen, ging er im Geiste schon einmal die Matheaufgaben durch, die ihn am Dienstag in der Klassenarbeit erwarten würden.

Übung 72: In einer anderen Anzeige entdeckt er das selbe Mofa für den gleichen Preis, also auch 1000 €! Allerdings gewährt der Käufer zuerst einen Rabatt von 10 % und schlägt dann 10% Bearbeitungsgebühr auf! Bilde die Quersumme des Ergebnisses und addiere die Zahl 8, um die Lösungszahl zu erhalten!

ÜBUNG 72 !

Nachdem alle Blumen versorgt waren – und davon gab es jede Menge –, zogen sich Anne und Andi ihre Jacken über und betraten die Einsteinallee. So schön dieser November-Samstag auch sein mochte, einen gehörigen Nachteil hatte er. Es war strahlend hell draußen und die beiden Detektive mussten besonders Acht geben, nicht entdeckt zu werden. Andi spürte, dass Anne einen ähnlichen Gedanken hegte und so holte er einen Tennisball aus seiner Jackentasche hervor.

„Keine Panik. Hier ist unsere Ausrede.“ Er zeigte ihr die gelbe Filzkugel. „Ich dachte, für den Fall, dass Ernst Barsch uns entdeckt. Dann sagen wir einfach, wir hätten den Ball verloren.“

„Ein hervorragender Plan“, pflichtete Anne ihm erleichtert bei.

Vorsichtig versuchten die beiden Freunde, einen Blick durch die großen staubigen Fenster der alten Villa zu riskieren.

„Barsch sollte sich vielleicht auch einmal als Fensterputzer statt immer nur als Gärtner betätigen“, meinte Andi ironisch. Vom Hausmeister des Euklid-Gymnasiums fehlte jedoch jede Spur. Nur eine einsame Harke verriet Anne und Andi, dass er nicht sehr weit weg sein konnte.

„Wir nehmen den da!“ Andi deutete auf einen kleinen, fast im Verborgenen liegenden Pfad, der hinter das Haus zu führen schien.

„Dann gibt es wenigstens keinen Ärger, weil wir die Beete zertrampelt haben.“ Andi und Anne folgten dem Weg an der alten Villa entlang in den Garten. Sie gingen an Lebens-, Apfel- und Buchsbäumen vorbei, schauten sich immer wieder um und horchten angestrengt. Doch es war kein Laut zu vernehmen. Auch nicht, als die beiden Freunde endlich im Garten standen und einen alten Kirschbaum, dessen knorrige Äste bis fast auf die Erde hingen, als Deckung nutzten.

„Nichts zu sehen“, flüsterte Andi.

Er bemerkte nicht, dass sich hinter ihnen jemand angeschlichen hatte.

Übung 73: Unvermittelt denkt Andi an das gestrige Fluchtauto und dadurch gleich an eine Aufgabe aus dem Physikunterricht, die ihn einmal sehr verblüfft hatte: Ein Auto fährt 120 km. Die erste Hälfte der Strecke fährt es mit 60 km/h die zweite mit 90 km/h Berechne die mittlere Geschwindigkeit!

Anne war sehr zufrieden mit der Nachricht, die Ahmed Mister Charles hinterlassen hatte. Wenn der Homepage-Besitzer auch nur annähernd so gut mit Otto Devinette befreundet war, wie dessen Gästebucheintrag vermuten ließ, würde sich der Enkel der Madame sicherlich bald unter Andis E-Mail-Adresse bei ihnen melden. Schließlich hatte Ahmed auf die Dringlichkeit der Angelegenheit hingewiesen und dabei darauf geachtet, nicht zu viele Details zu verraten. Das Internet war nun einmal eine offene Plattform. Und den normalen User, der sich auf dieser Seite aufhielt, gingen Einzelheiten nun wirklich nichts an.

„So weit, so gut“, meinte Anne. „Blöd nur, dass Otto seinen Eintrag schon vor einer Weile ins Netz gestellt hat und das Treffen der beiden für vergangenen Freitag abgemacht war. Was machen wir, wenn die beiden erst mal eine ganze Zeit gar nicht mehr auf diese Seite gehen, weil sie sich ja gerade erst getroffen haben?“

Das Mädchen hielt inne. Sie hatte ein Geräusch gehört. Auch Ahmed war auf ein leises Klacken aufmerksam geworden.

„Hast du das auch gehört?“, fragte er Anne aufgeregt.

„Ja. Hoffentlich kommt Andis Oma nicht schon wieder nach Hause, weil der Diavortrag ausgefallen ist“, hoffte sie. „Noch einmal können wir Andis Abwesenheit sicherlich nicht auf seine schwache Blase schieben.“

Da war es wieder. Dieses leise Klacken. Ahmed horchte auf und bemerkte, woher das seltsame Geräusch kam. Es kam direkt von Andis Fenster! Vorsichtig riskierte er einen Blick. Unten stand Andi und warf offensichtlich kleine Kieselsteine gegen die Scheibe.

„Es ist unser Chefinspektor“, lachte Ahmed erleichtert.

Andi konnte ja nicht wissen, dass seine beiden Freunde mittlerweile alleine im Haus waren und Oma Melitta sich auf den Weg ins Pfarrhaus gemacht hatte, um sich einen Diavortrag anzusehen. Anne und Ahmed jedenfalls verstanden sich blind. Stumm nickten sie sich grinsend an und rannten die Treppen herunter. Leise öffneten sie die Haustür und Anne versuchte so gut es ging, Frau Stocks Stimme zu imitieren:

„Kannst du mir mal erklären, wo du jetzt herkommst?“

ÜBUNG 74 !

Übung 74: Um die Weltreise machen zu können, haben die Eltern von Andi eine ganze Weile sparen müssen. Letztendlich lagen 12 500 € für 5 Jahre auf einem Festgeldkonto und wurden mit 4 % pro Jahr verzinst! Wie groß war das Guthaben nach diesen letzten 5 Jahren? Runde auf ganze Euro!

„Ah, da seid ihr ja endlich. Anne und ich dachten schon, dass ihr uns hier verhungern lassen wollt“, rief Frau Stock fröhlich. Doch Anne bemerkte gleich, dass etwas nicht stimmte.
„Was für eine Laus ist euch denn über die Leber gelaufen“, fragte sie neugierig.
„Eine ziemlich große“, bemerkte Ahmed trocken.
„Eine namens Ernst Barsch“, ergänzte Andi. Annes riss die Augen auf.
„Wo?“, fragte sie erschrocken.
„Direkt gegenüber.“ Andi deutete mit einer flüchtigen Handbewegung hinter sich. „Er glaubt, wenn er ein paar Schaufeln und eine Schubkarre zur Hand nimmt, würde ES nicht auffallen. Aber da hatte er die Rechnung ohne uns gemacht!“
„Genug von dem Gerede. Ich will nichts weiter hören. Jetzt wird erst einmal vernünftig gefrühstückt.“ Oma Melitta schlug einen energischen Ton an.
„Oma ..., können wir unsere Brötchen nicht vielleicht doch oben in meinem Zimmer essen?“ Andi tastete sich vorsichtig heran. Doch Anne und Ahmed wussten sofort, was Andi beabsichtigte. Aus Andis Fenster hatte man schließlich eine hervorragende Sicht auf die alte Villa mit der Hausnummer 16. Aber auch Oma Melitta schien den Plan durchschaut zu haben und winkte ab:
„Kommt gar nicht in Frage. Ihr wollt eine alte Dame doch wohl nicht alleine frühstücken lassen? Ihr habt noch den ganzen Tag Zeit für eure Detektiv-Spielchen.“

„Von wegen Spielchen“, entgegnete Andi ihr entrüstet. „Hast du etwa den Brief von Madame Devinette vergessen?“
„Nein, Junge, das habe ich nicht. Aber ich denke, da will euch jemand einen gehörigen Streich spielen. Nicht Herr Barsch, auch nicht Herr Worm. Aber wie wäre es mit einem eurer Klassenkameraden? So genug Madame und Monsieur. Nehmt reichlich.“ Sie schob ein großes Glas Brombeermarmelade zu Andi und seinen Freunden über den Tisch.

ÜBUNG 75 !

Übung 75: Ahmed nimmt sich $\frac{2}{5}$ der Menge aus dem vollen Marmeladenglas. Andi dann noch mal $\frac{1}{3}$ der ursprünglichen Menge! Wie viel ml verbleiben im Glas, wenn das Glas 300 ml fasst? Subtrahiere vom Ergebnis eine 5!

Das Erste, was er mitbekam, waren Anne und Ahmed, die wie wild an ihm rüttelten. Wie angewurzelt stand Andi mit offenem Mund im nun hell erleuchteten und bunt geschmückten Raum. Er bekam keinen Ton heraus, als das Happy-Birthday-Lied erschallte. Seine Mutter Monika kam auf ihn zu und drückte ihn.
„Alles Gute zum Geburtstag.“ Auch Walter Blum schloss sich den Glückwünschen an, dicht gefolgt von – Andi konnte es nicht fassen – Markus Worm.
„Der Boss dachte, es wäre die perfekte Überraschung. Und wir waren die Lockvögel“, grinste er. Unter die Gratulanten mischte sich auch Hausmeister Ernst Barsch:

„Respekt. Ich hätte nicht gedacht, dass du das herausbekommst mit den Lebensbäumen, aber dein Vater kennt dich scheinbar besser.“ Jetzt platzte es aus Andi heraus:
„Kann mich mal einer aufklären!?“
Sein Vater ergriff das Wort:
„Na als Detektiv dachte ich, wäre dein erster echter Fall das perfekte Geburtstagsgeschenk. Fast warst du zu eifrig und hättest uns überrascht.“
„Du meinst doch nicht in der Nacht, in der ich mit Anne im Garten war? Das waren du und Mama!? Wie dumm von mir. Natürlich, das war unser Wagen!“ Andi fiel es wie Schuppen von den Augen.
„Ganz genau. Mein Freund Otto Devinette war freundlicherweise bereit, mir bei diesem Spaß zu helfen.“ Aus der hinteren Reihe räusperte sich ein Mann Anfang dreißig. „Darf ich vorstellen“, meinte Herr Blum: „Otto Devinette, Bibliothekar – Andreas Blum, Meisterdetektiv.“ Ungläubig schüttelte Andi Ottos Hand.
„Wenigstens IHR hättet ja mal was andeuten können“, tadelte er seine Freunde.
„Bis Dienstagmorgen wussten wir ja selber von nichts“, lachte Ahmed.
„Dann haben uns deine Eltern eingeweiht“, führte Anne fort. Nochmals ergriff Walter Blum das Wort:
„Wir haben übrigens das Haus der Devinettes gekauft. Ist doch viel schöner, etwas näher bei Oma zu wohnen, oder was meinst du?“
„Da kann ich doch nur zustimmen!“ Melitta Stock betrat mit einem herzlichen Lachen den Raum. „Hier, das hat ein Herr von Kepler für dich abgegeben. Er meinte, es würde zu deinem Geburtstag passen.“
Andi ahnte Böses, als er Oma Melitta den Umschlag aus der Hand riss. Dann strahlte er übers ganze Gesicht:
„Eine glatte Eins!“

Abschlusstest

Übung 1: Andis Klasse möchte einen Schulausflug machen. Die Klassensprecherin Anne sammelt von jedem Schüler 6 € ein. Insgesamt zählt sie 158 €. „Hoppla", sagt sie, „da stimmt was nicht!" Auch Andi hat den Fehler sofort entdeckt! Du auch?

Übung 2: Die Summe von drei Zahlen beträgt 52,8. Die erste Zahl ist um 2,71 größer als 4,8. Die zweite Zahl ist dreimal so groß wie die Differenz der Zahlen 106 und 92,4. Wie heißen die drei Zahlen?

Übung 3: Am Ende des Schuljahres findet am Euklid-Gymnasium ein Sportfest für die 7. Klassen statt. Beim Weitsprung sind alle Jungs aus Andis Klasse zusammen genau 100 m weit gesprungen! Kein Schüler ist weiter als 4,50 m gesprungen, aber auch keiner weniger als 4 m. Wie viele Jungs können in der Klasse von Andi sein?

Übung 4: Bei einem Würfel sind die Augenzahlen immer so angebracht, dass sich zwei Zahlen gegenüber liegen, die zusammen immer 7 ergeben (z. B. 1 und 6). nach einem Wurf zählt Andi alle sichtbaren Würfelaugen zusammen. Es ergibt sich 16! Welche Zahl ist verborgen?

Übung 5: Während des Krimis hast du bereits verschiedene Zahlenfolgen kennen gelernt! Findest du auch die Formel für folgende Zahlenfolge?

$\frac{1}{2}$ $\frac{4}{3}$ $\frac{9}{4}$ $\frac{16}{5}$

Übung 6: Anne bekommt im Monat 50 € Taschengeld. Davon muss sie ein Fünftel für Arbeitsmaterialien für die Schule und ein Viertel für Buskarten bezahlen. Für den Sportverein gibt Anne 4 € aus. Wie viel Geld hat Anne durchschnittlich für private Ausgaben zur Verfügung?

Lösungen

Übung 1: 1. 371 (Summe); 2. 78 (Differenz); 3. 1125 (Produkt); 4. 12 (Quotient); Gesamtsumme: 1586

Übung 2:

$$\frac{1}{1+\frac{1}{1+\frac{1}{2}}} = \frac{1}{1+\frac{1}{\frac{3}{2}}} = \frac{1}{1+\frac{2}{3}} = \frac{1}{\frac{5}{3}} = \frac{3}{5} =$$

Lösungszahl: 3 + 5 = 8

Übung 3:

	Höhe über NN	
Haifa	0 m über NN	0 m über NN
Jerusalem	800 m mehr	800 m über NN
Nazareth	502 m weniger	298 m über NN
Totes Meer	694 m weniger	–396 m über dem NN

Übung 4: $(6{,}3 - 0{,}85) - (3\frac{1}{4} + 2\frac{1}{5}) = 5{,}45 - \frac{109}{20} = 0$
Lösungszahl: 0

Übung 5: Bei den römischen Zahlen gilt folgendes:
I 1; V 5; X 10; L 50; C 100; D 500; M 1000;
Somit ergibt sich: 100 + 100+ 10 + 10 +1 = 221

Übung 6: 1. 37,40 €, $\frac{37{,}40}{170} = 22\,\%$; 2. 18,70 €, $\frac{18{,}70}{170} = 11\,\%$;
3. 22,10 €, $\frac{22{,}10}{170} = 13\,\%$; Lösungszahl: 46

Übung 7: Stunde: $\frac{5}{60} = \frac{1}{12}$; Tag: $\frac{5}{24 \cdot 60} = \frac{1}{288}$
Lösungszahl: Nenner 1 · Nenner 2 = 12 · 288 = 3456

Übung 8: 4 Ringe mit jeweils 6 verschiedenen Zahlen sind vorhanden. Auf dem ersten Ring können also 6 verschiedene Zahlen eingestellt werden. Jede Zahl des ersten Ringes kann mit 6 Zahlen des zweiten Ringes kombiniert werden. Jeder dieser Kombinationen natürlich wieder mit 6 Zahlen des dritten Ringes usw. Damit ergibt sich: $6 \cdot 6 \cdot 6 \cdot 6 = 6^4 = 1296$

Übung 9: $0{,}85 \cdot 0{,}8 \cdot x = 748$
$0{,}68 \cdot x = 748$
$x = 1100$

Übung 10: 1. $\frac{9}{15} = \frac{3}{5}$; 2. $\frac{36}{48} = \frac{3}{4}$; 3. $\frac{210}{350} = \frac{3}{5}$; 4. $\frac{125}{1000} = \frac{1}{8}$
Lösungszahl: 3 + 5 + 3 + 4 + 3 + 5 + 1 + 8 – 1 = 31

Übung 11: $(3{,}87 + 6{,}75)\,(56{,}05 - 35{,}38) = 10{,}62 - 20{,}67 = -10{,}05$
Lösungszahl: $(-10{,}05) \cdot (-20) = \underline{201}$

Übung 12: $\frac{7}{12} \cdot 168$ Büsche = $\underline{98}$ Büsche

Übung 13: 2,10 € + 2,40 € + 1,80 € = 6,30 €
20 € – 6,30 € = $\underline{13{,}70}$ €

Übung 14: 6,25 m · 4,74 m = 29,625 m^2
Gesamtfläche: 59,25 m^2
Lösungszahl: $\underline{59}$ m^2

Übung 15: 1 € pro 8 Minuten; 1080 · 8 Minuten = $\underline{8640}$ Minuten

Übung 16: 3 Plam + 4 Plum = 32 €
12 € + 4 Plum = 32 € (1 Plam sind 4 €)
4 Plum = 20 €
6 Plum = $\underline{30\ €}$

Übung 17: 999 = 900 + 90 + 9 = CM XC IX; Es sind $\underline{2}$ C enthalten!

Übung 18: 4 · (0,35 € + 0,25 € + 0,45 €) = 4 · 1,05 € = $\underline{4{,}20}$ €

Übung 19: $\left(1\frac{3}{7} : \frac{5}{14}\right) : \frac{1}{4} = \left(\frac{10}{7} \cdot \frac{14}{5}\right) : \frac{1}{4} = \left(\frac{2}{1} \cdot \frac{2}{1}\right) \cdot \frac{4}{1} = 4 \cdot 4 = \underline{16}$

Übung 20:

17	18	21	26	33	42	$\underline{53}$
(+1)	(+3)	(+5)	(+7)	(+9)	(+11)	

Übung 21: $(-x)^2 \cdot (-x^2) \cdot (-x) = -x^5$; Einsetzen ergibt: $\underline{-16\,807}$

Übung 22: $\frac{5}{9} + \frac{1}{4} = \frac{20}{36} + \frac{9}{36} = \frac{29}{36}$
Es sind noch $\underline{7}$ Laugensemmeln!

Übung 23: Zwischen 12 und 3 (15!): $3 \cdot 30° = 90°$
Der Stundenzeiger muss noch auf die „12" wandern! Das sind noch $\frac{3}{4}$ des Weges, den er in einer Stunde zurücklegt, also $\frac{3}{4}$ von 30°: $\frac{3}{4} \cdot 30° = 22{,}5°$
$90° + 22{,}5° = \underline{112{,}5}°$

Übung 24: $100\text{ m} - (21\frac{7}{10}\text{ m} + 26\frac{1}{4}\text{ m} + 7\frac{2}{3}\text{ m}) = 100\text{ m} - 55\frac{37}{60}\text{ m} = 44\frac{23}{60}\text{ m}$
Lösungszahl: $\underline{44}$

Übung 25: 39 € : 0,78 = $\underline{50}$ €

Übung 26: Eine Lösungsvariante: 105 Minuten sind 3,5 mal so lange wie 30 Minuten. Also kommt der Bus auch 3,5 mal so weit, somit $\underline{42}$ km! (direkte Proportionalität)

Übung 27: Beide Geschwindigkeiten zusammen: 48 km/h.
Demnach benötigen sie für die gesamte Strecke 2 Stunden! Sie treffen sich also in einer Entfernung von $\underline{54}$ km vom Startpunkt von Sebastian aus gesehen!

Übung 28: 2 · 0,70 € = 1,40 €; 10 % von 1,40 € sind 14 Cent. Andi muss also $\underline{1{,}26}$ € zahlen.

Übung 29: 63 € · 0.82 = $\underline{51{,}66}$ €

Übung 30: 35 % sind 245 €; alter Preis: 700 €;
neuer Preis: (700 € – 245 €) = $\underline{455}$ €

Übung 31:

$\frac{1}{2}x - (-x + 2) = \frac{1}{2} + x$

$\frac{1}{2}x + x - 2 = \frac{1}{2} + x$

$\frac{3}{2}x - 2 = \frac{1}{2} + x$

$\frac{1}{2}x = 2{,}5$

$x = \underline{5}$

Übung 32: Zinsen pro Jahr: 12 000 € · 0,06 = 720 €
Zinsen pro Tag: (12 000 € : 360) = 2 €
Anzahl der Tage: 16 Tage (Januar); 28 Tage (Februar) gerundet!; 6 Tage (März); gesamt: 50 Tage; Gesamtzins: 50 · 2 € = <u>100</u> €

Übung 33: 50 € – (45,50 € + 38,70 € + 126,60 € + 60,20 €) =
50 € – 271 € = –<u>221 €</u>

Übung 34: (2 · 6) : 3 = 4;
Der Vorrat würde <u>4</u> Tage halten!

Übung 35: $2 \cdot (l \cdot b + l \cdot h + b \cdot h) =$
$2 \cdot (25\text{ cm} \cdot 8\text{ cm} + 25\text{ cm} \cdot 14\text{cm} + 8\text{ cm} \cdot 14\text{ cm}) =$
$2 \cdot (200\text{ cm}^2 + 350\text{ cm}^2 + 112\text{ cm}^2) = \underline{1324}\text{ cm}^2$

Übung 36: 1000 M; 400 CD; 50 L; 9 IX
Ergebnis: MCDLIX
Dies sind <u>6</u> römische Zeichen!

Übung 37: 0,5 · 440 – (231 – 76) =
220 – 155 = 65 + 4 = <u>69</u>

Übung 38: $-6x + 3x - 27x - 15x + 8x = -\underline{37}\,x$

Übung 39: $\frac{1}{7} + \frac{4}{3} + 0{,}5 - 0{,}6 = \frac{6}{42} + \frac{56}{42} + \frac{21}{42} - \frac{28}{42} = \frac{5 + 56 + 21 - 28}{42} = \frac{55}{42}$
Lösungszahl: 55 · 42 = <u>2310</u>

Übung 40: $\frac{3}{5} + \frac{1}{4} = \frac{12}{20} + \frac{5}{20} = \frac{17}{20}$
Rest: $\frac{3}{20}$
ursprünglich: <u>80</u> €

Übung 41: 1. 100 : 0,01 = 10 000; 2. 0,2 : 0,008 = 25
Lösungszahl: <u>10 025</u>

Übung 42: 1. $2^5 = 32$; 2. $(-2)^5 = -32$; 3. $2^4 - 2^5 = 16 - 32 = -16$; 4. $3^4 = 81$
Lösungszahl: 32 – 32 – 16 + 81 = <u>65</u>

Übung 43: 35 Personen – 19 Personen = 16 Personen
Es sind also 16 Plätze im Bus frei! Dies ist ein Viertel der Gesamtplätze! Somit sind 16 · 4 = <u>64</u> Plätze im Bus!

Übung 44: $17x - (18y + 11z - 5x) - (15x - 4y + 3z) - (7x - 14y - 15z) =$

$17x - 18y - 11z + 5x - 15x + 4y - 3z - 7x + 14y + 15z =$

$17x + 5x - 15x - 7x - 18y + 4y + 14y - 11z - 3z + 15z =$

$0\,x + 0y + \underline{1} \cdot z$

Lösungszahl: $\underline{1}$

Übung 45: Die eingezeichneten Punkte ergeben die Zahl $\underline{3}$!

Übung 46: $19 \cdot 3^4 = \underline{1539}$

Übung 47: $x + (x - 2) + (x + 3) = 88$

$3x + 1 = 88$

$3x = 87$

$x = \underline{29}$

Übung 48: $(6 \cdot 3) : 2 = \underline{9}$

Übung 49: $572 + x = -572$

$x = -\underline{1144}$

Übung 50: Länge: 2,5 dm = 25 cm; Breite: 80 mm = 8 cm; Höhe: 14 cm

Volumen: $25\text{ cm} \cdot 8\text{ cm} \cdot 14\text{ cm} = 2800\text{ cm}^3$; $2800\text{ cm}^3 : 70\text{ cm}^3 = 40$

Es sind 40 Tafeln im Paket. $40 + 3 = \underline{43}$

Übung 51: $\left(\frac{1}{8} + \frac{1}{5}\right) = \left(\frac{5}{40} + \frac{8}{40}\right) = \frac{13}{40}$

Rest: $\frac{27}{40}$

$\frac{27}{40}$ sind 21,60 m

$(21{,}60\text{ m} : 27) \cdot 40 = \underline{32}\text{ m}$

Übung 52: $(a + b)^2 + (a - b)^2 - (a + b)(a - b) =$

$a^2 + 2ab + b^2 + a^2 + 2ab - b^2 - a^2 + b^2 =$

$a^2 + 4ab + b^2$

Lösungszahl: $4 \cdot 67 = \underline{268}$

Übung 53: Pro Tag schafft sie effektiv einen Meter! Also befindet sie sich am zweiten Morgen in ein Meter Höhe, am dritten Morgen auf 2 Meter Höhe, ..., am 17. Morgen auf 16 Meter Höhe. Also schafft sie am $\underline{17}$. Tag abends genau die 20 Meter!

Übung 54: $(a - b)^3 = (a - b)^2 \cdot (a - b) = (a^2 - 2ab + b^2) \cdot (a - b) =$

$1 \cdot a^3 - 3a^2b + 3ab^2 - 1 \cdot b^3$

Lösungszahl: $(+1) \cdot (-3) \cdot (+3) \cdot (-1) = +9$; $(+9) + (+46) = \underline{+55}$

Übung 55: $0{,}475\text{ kg} \cdot x + 0{,}325\text{ kg} = 16\text{ kg}$

$0{,}475\,x = 15{,}675$

$x = \underline{33}$

Übung 56: 1. $0{,}5 = \frac{1}{2}$; 2. $0{,}875 = \frac{7}{8}$; 3. $0{,}\bar{7} = \frac{7}{9}$; 4. $0{,}\overline{003} = \frac{3}{999} = \frac{1}{333}$

Lösungszahl: $1 + 2 + 7 + 8 + 7 + 9 + 1 + 333 = \underline{368}$

Übung 57: 1. $\frac{3}{10} = 0{,}3$; 2. $\frac{3}{20} = 0{,}15$; 3. $\frac{5}{8} = 0{,}625$; 4. $\frac{45}{12} = 3{,}75$

Lösungszahl: $0{,}3 + 0{,}15 + 0{,}625 + 3{,}75 = \underline{4{,}825}$

Übung 58: (1000 € · 1,1) · 0,9 = 990 €

Übung 59: Du musst die Zahl 165 in ihre Primfaktoren zerlegen!
165 = 3 · 5 · 11
Lösungszahl: 3 + 5 +11 = 19

Übung 60: 1. $\frac{1}{3}$ = 1 : 3 = 0,3; 2. $\frac{4}{7}$ = 4 : 7 = 0,571428 ; 3. $\frac{2}{9}$ = 0,2 ; 4. $\frac{13}{99}$ = 0,13
Lösungszahl: 1 + 6 + 1 +2 = 10

Übung 61: (278 + 943) + (208 – 179) = 1221 + 29 = 1250

Übung 62: 1. 0,004 · 0,002 = 0,000 008; 2. 1,205 · 0,2 = 0,241
Quersumme: 8 + (2 + 4 + 1) = 15; Lösungszahl: 15 + 6 = 21

Übung 63: 6 € : 0.075 = 80 €; Lösungszahl: 2 · 80 = 160

Übung 64: Ahmed: x Buchstaben; Anne: (x + 6) Buchstaben;
Andi: {[(x+6) + x] + 3}
Insgesamt:
x + (x + 6) + {[(x + 6) + x] + 3} = 27
4x + 15 = 27
4x = 12
x = 3
Andi: Einsetzen von x = 3 ergibt: {[(3 + 6) + 3] + 3} = 15

Übung 65: Rest 1: $\frac{2}{5}$; Rest 2: $\frac{3}{4}$
$\frac{2}{5} \cdot \frac{3}{4} \cdot x = 12$ €
$\frac{6}{20} \cdot x = 12$ €
$x = 40$ €

Übung 66: 300 000 km/h · 3600 s = 1 080 000 000 km

Übung 67: 1. 15; 2. 20; 3. 20; 4. 15
Lösungszahlen: 1520, 2015

Übung 68:
  6 0 3 7
? 2 8 4 3 (Rechenzeichen: Minus)
  3 1 9 4
Lösungszahl: 0 + 3 + 9 = 12

Übung 69: $\frac{3}{4} \cdot x = 21$; x = 28

Übung 70: (6,60 € : 3) · 5 = 11,00 €

Übung 71:

I.	Tagesrationen:	62 (Tage) · 16 = 992
II.	Verbrauch in 14 Tagen:	14 (Tage) · 16 = 224
III.	Verbrauch in 15 Tagen: (4 Urlauber weniger)	15 (Tage) · 12 = 180
IV.	Bisher verbraucht:	992 – 224 – 180 = 588
V.	Resttage:	588 : 21 = 28 (Tage)
VI.	Gesamtzeit:	14 + 15 + 28 = 57 (Tage)

Übung 72: (1000 € · 0,9) · 1,1 = 990 €; 9 + 9 + 8 = <u>26</u>

Übung 73: 1. Zeit: $\frac{60 \text{ km (halbe Strecke)}}{66 \frac{\text{km}}{\text{h}}} = 1 \text{ h}$

2. Zeit: $\frac{60 \text{ km}}{90 \frac{\text{km}}{\text{h}}} = \frac{2}{3} \text{ h}$

Gesamtzeit: $1 \text{ h} + \frac{2}{3} \text{ h} = 1\frac{2}{3} \text{ h} = \frac{5}{3} \text{ h} = 100 \text{ min}$

Durchschnittsgeschwindigkeit: $v = \frac{s}{t} = \frac{120 \text{ km}}{\frac{5}{3} \text{ h}} = \underline{72} \frac{\text{km}}{\text{h}}$

Übung 74: (((((12 500€ · 1,04) · 1,04) · 1,04) · 1,04) · 1,04) =
12 500€ · $1{,}04^5$ ª 12 500€ · 1,2166529 ª <u>15 208</u> €

Übung 75: $\frac{2}{5} + \frac{1}{3} = \frac{11}{15}$

$\frac{11}{15}$ von 300 ml sind 220 ml!

Rest: 80 ml; 80 – 5 = <u>75</u>

Lösungen Abschlusstest

Übung 1: 158 € muss durch 6 ohne Rest teilbar sein, es ergibt sich aber:
158 € : 6 = 26 Rest 2
Die Zahl 158 € kann nicht stimmen. Es wurde entweder zu viel oder zu wenig eingesammelt! Im Nachhinein kann aber nicht entschieden werden, ob ein oder mehrere Schüler beteiligt waren.

Übung 2: 1. Zahl: 4,8 + 2,71 = 7,51
2. Zahl: 3 · (106 - 92,4) = 3 · 13,6 = 40,8
3. Zahl: 52,8 – 7,51 – 40,8 = 4,49

Übung 3: Schlechteste Möglichkeit: 100 m : 4 m = 25 (Schüler)
Beste Möglichkeit: 100 m : 4,5 m =
Schülerzahl: 23 < x < 25

Übung 4: Je zwei Gegenseiten ergeben 7, also zusammen 14! Es bleiben noch zwei Augen für den „Deckel" übrig! Da auch dieser mit den Augen des Bodens zusammen 7 ergibt, kann die verborgene Zahl nur 5 sein.

Übung 5: Die Formel lautet: $\frac{x2}{x + 1}$
Dabei sind für x die Zahlen 1, 2, 3, 4, 5, 6, ... einzusetzen.

Übung 6: 50 € : 5 = 10 € (Schule)
50 € : 4 = 12,50 € (Busfahrkarten)
Rest: 50 € – (10 € + 12,50 € + 4 €) = 23,50 €

Lösungsschlüssel

Ergebnis	→	Seite	Ergebnis	→	Seite	Ergebnis	→	Seite
–16807	→	51	21	→	67	98	→	108
–1144	→	23	26	→	12	100	→	63
–396	→	54	28	→	19	112,5	→	105
–221	→	15	29	→	93	160	→	92
–37	→	71	30	→	14	201	→	9
0	→	48	31	→	84	221	→	97
1	→	35	32	→	65	268	→	85
1,26	→	43	33	→	34	368	→	20
2	→	72	40	→	114	455	→	17
3	→	101	42	→	79	990	→	112
4	→	77	43	→	11	1100	→	115
4,20	→	40	44	→	117	1250	→	61
4,825	→	95	46	→	49	1296	→	78
5	→	82	50	→	99	1324	→	21
6	→	75	51,66	→	41	1520, 2015	→	69
7	→	31	53	→	118	1539	→	110
8	→	81	54	→	25	1586	→	28
9	→	27	55	→	104	2310	→	74
10	→	89	57	→	62	3456	→	107
11	→	56	59	→	98	8640	→	111
12	→	46	64	→	59	10025	→	90
13,70	→	38	65	→	52	15208	→	68
15	→	57	69	→	7	1 080 000 000	→	87
16	→	6	72	→	45			
17	→	37	75	→	32			
19	→	29	80	→	102			